数控一体化行动导向教学指导

——数控车工方向

主编　杨　珍

编者　王思明　吕庆伟　张文文

　　　王　健　廖永祥　潘焕青

统稿　王思明

中国劳动社会保障出版社

内容简介

本书是按一体化课程要求，以职业典型工作任务为载体，按照新手—生手—熟手—能手—高手的逻辑顺序设计安排学习任务，共分五个学期、10 个课题，将工作任务转化为具有教学价值的学习任务，实施机械制图、机械制造工艺、极限配合及技术测量、AutoCAD、数控编程及数控工艺等专业知识和技能教学，同时兼顾学生毕业考取职业资格证书的知识点要求进行相关的教学安排，帮助教师有计划地实施教学，培养学生的综合职业能力。

图书在版编目（CIP）数据

数控一体化行动导向教学指导：数控车工方向 / 杨珍主编 . --北京：中国劳动社会保障出版社，2018
ISBN 978-7-5167-3575-6

Ⅰ . ①数… Ⅱ . ①杨… Ⅲ . ①数控机床 - 车床 - 车削 Ⅳ . ①TG519.1

中国版本图书馆 CIP 数据核字（2018）第 194146 号

中国劳动社会保障出版社出版发行

（北京市惠新东街 1 号 邮政编码：100029）

*

三河市潮河印业有限公司印刷装订 新华书店经销

787 毫米 ×1092 毫米 16 开本 12.5 印张 277 千字
2018 年 9 月第 1 版 2018 年 9 月第 1 次印刷
定价：32.00 元

读者服务部电话：（010）64929211/84209101/64921644
营销中心电话：（010）64962347
出版社网址：http : //www.class.com.cn

前　　言

　　随着经济社会的不断发展，现代企业大量引进新的管理模式、生产方式和组织形式，传统精细分工的简单岗位工作被以解决问题为导向的综合任务取代。为了实现"质量更高、技术更新、成本更低、离客户更近"的目标，先进企业大量引进新的管理方式（如扁平化管理）、新的组织流程（如持续优化过程）和新的生产方式（如柔性生产）。经济转型升级、产业结构调整和企业快速发展，对现代企业员工提出了更高的要求：不仅要具备岗位工作技能，而且要具备诸如解决问题、自我学习、与人交流和团队合作等能力，能对新的、不可预见的工作情况做出独立的判断并给出应对措施。这就需要培养学生的综合职业能力，让学生懂得如何运用知识和技能去为企业创造价值。为了适应经济发展对技能型人才的要求，我们根据数控技术应用岗位综合职业能力的要求编写了数控一体化教学实施指导书。

　　本书是按一体化课程要求，以职业典型工作任务为载体，按照新手—生手—熟手—能手—高手的逻辑顺序设计安排学习任务，力求通过行动式、体验式学习实现学生综合职业能力（专业能力＋社会能力＋方法能力）的提升。通过深入企业调研、认真分析数控技术应用岗位的典型工作任务，以企业典型工作任务为载体，将工作任务转化为具有教学价值的学习任务，实施机械制图、机械制造工艺、极限配合及技术测量、AutoCAD、数控编程及数控工艺等专业知识和技能教学，同时兼顾学生毕业考取职业资格证书的知识点要求进行相关的教学安排，培养学生的综合职业能力。

　　本书按照学期共分五个学期、10个课题，每个课题分为若干学习任务，每个学习任务由若干个学习活动组成，具有清晰的工作过程。每个课题包含教学流程、学习知识点、任务图纸、任务描述、教学活动策划表等。

　　由于对一体化课程教学改革的内涵和外延仍在摸索当中，因此本书仍存在很多不足之处，恳请专家读者批评指正。

编　者

目　　录

金工一体化（钳工和普铣）

➢ 课题一　U 形架的制作

课题一 U 形架的制作

（15 周，每周 22 课时）

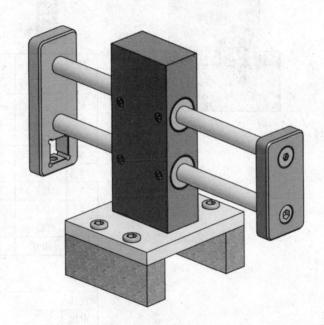

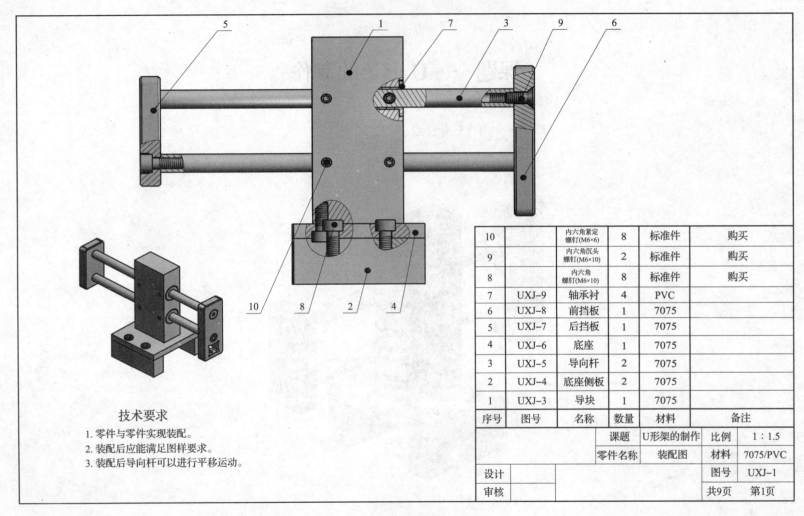

10		内六角紧定 螺钉(M6×6)	8	标准件	购买
9		内六角沉头 螺钉(M6×10)	2	标准件	购买
8		内六角 螺钉(M6×10)	8	标准件	购买
7	UXJ-9	轴承衬	4	PVC	
6	UXJ-8	前挡板	1	7075	
5	UXJ-7	后挡板	1	7075	
4	UXJ-6	底座	1	7075	
3	UXJ-5	导向杆	2	7075	
2	UXJ-4	底座侧板	2	7075	
1	UXJ-3	导块	1	7075	
序号	图号	名称	数量	材料	备注

	课题	U形架的制作	比例	1：1.5
	零件名称	装配图	材料	7075/PVC
设计			图号	UXJ-1
审核			共9页	第1页

技术要求

1. 零件与零件实现装配。
2. 装配后应能满足图样要求。
3. 装配后导向杆可以进行平移运动。

图 1—1 U形架的制作——装配图

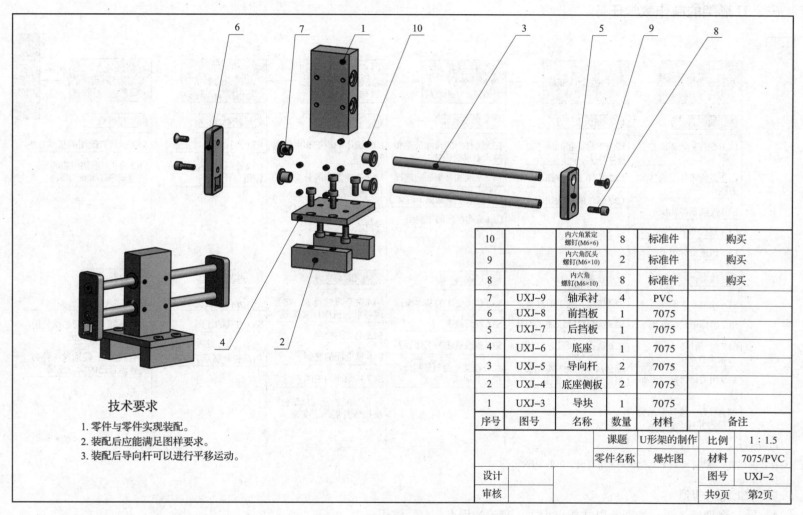

10		内六角紧定螺钉(M6×6)	8	标准件	购买
9		内六角沉头螺钉(M6×10)	2	标准件	购买
8		内六角螺钉(M6×10)	8	标准件	购买
7	UXJ-9	轴承衬	4	PVC	
6	UXJ-8	前挡板	1	7075	
5	UXJ-7	后挡板	1	7075	
4	UXJ-6	底座	1	7075	
3	UXJ-5	导向杆	2	7075	
2	UXJ-4	底座侧板	2	7075	
1	UXJ-3	导块	1	7075	
序号	图号	名称	数量	材料	备注

	课题	U形架的制作	比例	1:1.5
	零件名称	爆炸图	材料	7075/PVC
设计			图号	UXJ-2
审核			共9页	第2页

技术要求

1. 零件与零件实现装配。
2. 装配后应能满足图样要求。
3. 装配后导向杆可以进行平移运动。

图1—2 U形架的制作——爆炸图

一、U 形架的制作教学任务

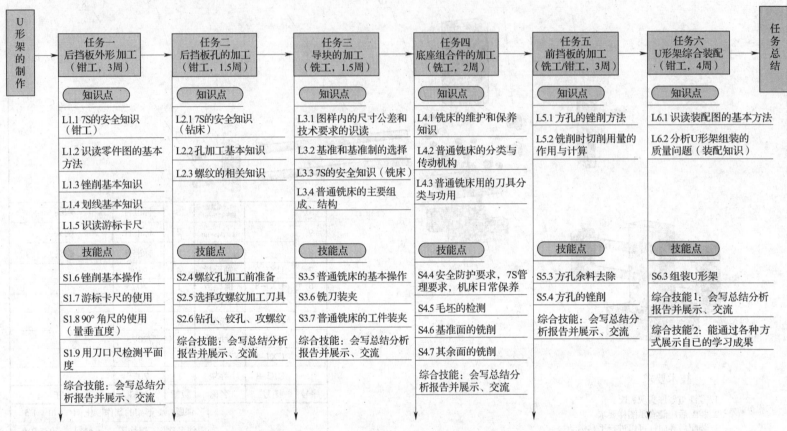

注：前挡板、导块、底座和后挡板的加工要画简单的工序图。

归纳知识点的原则：

1. 第一个课题（第一学期）以技能点为主，理论知识点必要、够用。
2. 利用组合件作为课程实施载体，激发学生的学习兴趣，培养学生先有感性认识，再有理性认识。

二、U 形架的制作教学活动

1. 任务导入

表 1—1　　　　　　　　　　　　　　　　　　　　U 形架的制作学习任务描述

一体化课程名称	金工一体化（钳工和普铣）		
任务名称	U 形架的制作	任务学时	330 课时
任务情境	某公司委托我系学生加工一批小型数控机械手中的基础部件——U 形架作为备件，数量 20 个，加工要求见图 1—1、图 1—2。学生在教师指导下到生产主管处领取加工任务单，分析任务单和图样，明确任务要求后，查阅和学习相关资料，编制加工工艺，依照规定领取所需的工具、量具、夹具、刀具等。然后在教师或者生产主管审定的时间内，安全规范地完成 U 形架的钳工和普通铣床加工任务。如果学生能按教师要求严格执行每个工作步骤，则证明学生已掌握零件钳工和普铣加工的基本操作技能和工作方法。		
学习目标	1. 能独立阅读 U 形架各零件、工序图样和生产任务单，明确工时、毛坯、加工数量等要求，明确所加工零件的形状、技术要求和基本用途。 2. 能按要求填写工艺卡，查阅相关资料并进行计算，明确加工技术要求和加工工艺。 3. 能按图样要求，测量毛坯外形尺寸，判断毛坯是否符合加工要求。 4. 能根据现场条件，通过学习，做好生产所需的工具、量具、夹具、辅件及切削液的准备和整理。 5. 能识别常用工具、量具、刀具，根据零件材料和形状特征，合理选择和使用工具、量具、刀具。 6. 能正确装夹工件和钻头、铣刀等刀具。 7. 能检查机床功能完好情况，按操作规程进行加工前后的机床日常保养和清洁工作。 8. 能根据零件材料、刀具材料、加工性质等因素，查阅切削手册，确定机床加工切削三要素中的切削速度、进给量和背吃刀量，并能运用切削速度计算公式计算相应的转速，调整机床进行生产。 9. 在加工零件过程中，能严格按照操作规程操作机床和使用工具、量具、刀具，按工艺文件进行切削；能根据切削状态调整切削用量，保证正常切削；能适时检测，保证加工精度。 10. 能进行自检，判断零件是否合格。 11. 能按车间现场管理规定，正确放置零件、工具、量具、刀具等生产物品。 12. 能按产品工艺流程和车间要求，进行产品交接并确认。 13. 能按车间规定填写交接班记录等各项生产记录。 14. 能主动获取有效信息，展示工作成果，对学习与工作进行总结反思，不断总结经验，学习解决问题的方法。 15. 能与他人合作，进行有效沟通，协调小组角色分工，进行团队协作，解决实际问题。 16. 能够严格遵守各项规章制度和安全生产要求，形成不打折扣地执行工作任务的工作素养。		

续表

一体化课程名称		金工—体化（钳工和普铣）	
任务名称	U 形架的制作	任务学时	330 课时
学习内容	1. 7S 现场管理知识和安全操作规程。 2. 任务单、工艺卡、检验卡、交接班记录和保养卡等技术文件的填写要求。 3. 图样中零件的形状识读，尺寸和技术要求的识读。 4. 零件图的基本要素和国家标准规定。 5. 划线操作要领及其作用。 6. 锉刀的选用和质量检验方法，锉削操作要领。 7. 游标卡尺、游标高度尺、刀口尺、90° 角尺、游标万能角度尺的正确使用。 8. 普通铣床的主要组成、结构和基本操作要领。 9. 铣刀的种类、装夹和保养。 10. 普通铣床的工件装夹。 11. 切削三要素的选择及计算。 12. 平面铣削知识。 13. 刀具端刃切削特点。 14. 螺纹底孔的确定。 15. 钳工钻孔、铰孔、攻螺纹、套螺纹加工操作要领。 16. U 形架各零件的加工。 17. U 形架的装配调试。 18. 零件加工与装配的质量分析方法及改进措施。		
教学建议	设施设备（以 25 人班级为例）： 1. 钳台：25 台。 2. 工具箱及钳工工具：25 套。 3. 普通铣床：5 台。 4. 普通台式钻床：3 台。 5. 划线平台：4 块。 6. 电教设备：1 套。 7. 移动白板：1 块。	车间要求： 1. 一体化教室：100 m²，配电满足教学需要，环保符合国家标准要求。 2. 钳工实训车间：100 m²，配电满足教学需要，环保符合国家标准要求。 3. 普通铣床加工实训车间：200 m²，配电满足教学需要，环保符合国家标准要求。	

一体化课程名称	金工一体化（钳工和普铣）		
任务名称	U 形架的制作	任务学时	330 课时
教学建议	教学组织形式建议： 1. 教师组织学生穿戴好工作服、胸卡集合，进行安全入门教育后方可进入实习车间。 2. 根据任务活动环节和作业分工，教师安排学生交叉进行作业，及时抓住学习任务中的难点、要点进行指导、讲解、分析等。 3. 以情景模拟的形式，教师安排学生扮演角色，从资料室领取相关手册、领料单、刀具卡、工序单、检验卡、交接班记录。 4. 以情景模拟的形式，教师安排学生扮演角色，从材料仓库领取材料、切削液。 5. 以情景模拟的形式，教师安排学生扮演角色，从工具仓库领取工具、量具、夹具、刀具并交付及归还等。 6. 教师组织学生以小组或个人形式，向全班展示、汇报学习成果。		
	教学注意要点： 1. 本任务不需要每人或每个小组采用同样的加工工艺，在保证加工安全的前提下，可以自由编写自己的加工工艺。 2. 各小组成员需独立完成自己的学习任务，而不是以小组为单位，避免小组内仅有几位同学参与。 3. 全班同学轮流与他人合作组成小组（不是固定的学习小组），从而有更多的机会与他人合作，培养团队合作能力。		

2. 后挡板外形加工（钳工）教学活动

表 1—2　　　　　　　　　　任务一　后挡板外形加工（钳工）教学活动策划表（图 1—3）

教学活动	关键能力	学生学习活动	教师活动	学习内容	教学资源	考核评价点	学时	教学地点
活动一：工作任务及工艺分析	1. 资料查阅、阅读能力 2. 遵守纪律规范的意识 3. 沟通交流能力 4. 逻辑思维能力 5. 空间想象能力	1. 后挡板零件图样识读 2. 后挡板的加工工艺分析 3. 明确工作计划和任务要求 4. 工作页的填写	1. 展示后挡板零件实物 2. 组织学生分组 3. 进行安全教育和 7S 管理（钳工）要求说明 4. 讲授识读后挡板零件图样 5. 讲解加工工艺步骤和任务要求 6. 引导学生制订计划，完成工作页填写	1. 生产任务单的阅读 2. 图样、工艺卡的阅读 3. 后挡板的形状、尺寸、作用和加工要求 4. 识读零件图的基本方法	1. 互联网 2. 后挡板图纸、实物和标准工艺卡 3.《简明机械手册》（中文版第二版） 4. 国家制图标准 5. 公差与配合手册	1. 信息收集 2. 专业术语使用 3. 工作页的完成情况 4. 工作态度和纪律表现 5. 工作任务的理解程度 6. 图样的识读情况 7. 工艺卡抄写情况	16课时	一体化教室

续表

教学活动	关键能力	学生学习活动	教师活动	学习内容	教学资源	考核评价点	学时	教学地点
活动二：技能学习与加工准备	1. 安全意识 2. 清洁整顿意识 3. 资料查阅能力 4. 观察和分析能力 5. 沟通交流能力 6. 团队协作能力 7. 制订计划能力 8. 身体协调能力 9. 统筹决策能力	1. 学习划线操作要领 2. 学习锉削操作要领 3. 学习游标卡尺的使用 4. 学习用刀口尺、90°角尺检测平面度、垂直度、直线度 5. 工作页的填写	1. 制作本次任务涉及内容的演示课件 2. 组织学生观看操作示范 3. 抽查指导学生，纠正共性错误 4. 汇总学生学习情况，帮助学生总结操作要领	1. 安全防护要求 2. 锉削的基本知识 3. 划线的基本知识 4. 识读游标卡尺 5. 刀口尺和直角尺测量直线度、平面度和垂直度的方法 6. 圆弧的锉削知识 7. 倒角的锉削知识	1. 后挡板图纸 2. 后挡板加工工艺卡 3. 安全操作规程 4. 工具、量具、刀具 5. 辅助工具	1. 工作页的完成情况 2. 工作纪律与态度	18课时	一体化教室、实训车间（活动二与活动三交替进行）
活动三：零件的加工	1. 安全意识 2. 清洁整顿意识 3. 独立操作能力（技能） 4. 规范意识养成 5. 仔细、认真的工作素质 6. 遵守时间意识 7. 执行力 8. 处理现场问题能力	1. 从指定地点领取毛坯，检查毛坯的可加工性 2. 分组进行后挡板零件的规范加工 3. 检测加工精度是否合格，并在规定时间内完成加工 4. 工作页的填写	1. 分发后挡板毛坯及相应工具、刀具 2. 安排学生工作岗位，检查学生是否明确任务要求 3. 进行安全文明生产教育并检查 4. 组织进行其他7S管理工作 5. 分步骤组织学生进行生产活动 6. 巡回指导和个别指导 7. 控制课程时间 8. 组织学生讨论学习和完成工作页	1. 安全防护要求，7S管理要求 2. 毛坯的检测 3. 基准面的划线和粗锉 4. 游标卡尺的使用和保养 5. 刀口尺、直角尺的使用 6. 基准面的精锉 7. 其余面的划线和粗/精锉削 8. 圆弧和倒角的划线及锉削	1. 后挡板图纸 2. 后挡板加工工艺卡 3. 后挡板加工工序卡片 4. 工具、量具、刀具清单 5. 安全操作规程 6. 清洁整顿及学习物品 7. 辅助工具	1. 安全文明生产 2. 加工精度检验 3. 外观等主观检验 4. 时间控制及生产纪律表现 5. 工作页的完成情况	28课时	实训车间（活动二与活动三交替进行）

教学活动	关键能力	学生学习活动	教师活动	学习内容	教学资源	考核评价点	学时	教学地点
活动四：检验和质量分析	1. 分析问题能力 2. 客观评价能力 3. 解决问题能力	1. 个体尺寸及几何误差的检测 2. 个体外观及其他项目测评 3. 小组讨论误差产生的原因，思考解决措施 4. 工作页的填写	1. 检验工具、量具的准备 2. 组织小组进行后挡板零件误差产生原因的分析 3. 组织填写工作页	1. 后挡板零件尺寸误差的检测 2. 后挡板零件几何误差的检测 3. 零件误差产生原因及对策 4. 填写检验、评价、分析表格	1. 精度检验报表 2. 评价表 3. 错误分析及改进措施报表	1. 加工精度检验 2. 错误分析能力 3. 工作态度及客观性 4. 工作页的完成情况	2课时	检验室
活动五：工作总结与评价	1. 团队协作能力 2. 总结归纳能力 3. 口头表达能力 4. 汇报制作能力 5. 撰写报告能力 6. 客观评价能力	1. 小组展示工作成果 2. 小组互评 3. 小组讨论总结 4. 工作页的填写	1. 组织学生进行展示活动和评价活动 2. 总体评价工作过程 3. 填写教学回顾，进行资料整理	1. 展示物的制作 2. 自评和互评 3. 工作情况汇总 4. 撰写工作总结或者实习心得	根据各小组准备展示情况进行申报准备	1. 工作目标 2. 工作过程 3. 工作结果 4. 加工方法 5. 问题分析 6. 改进措施 7. 工作页的完成情况	2课时	一体化教室

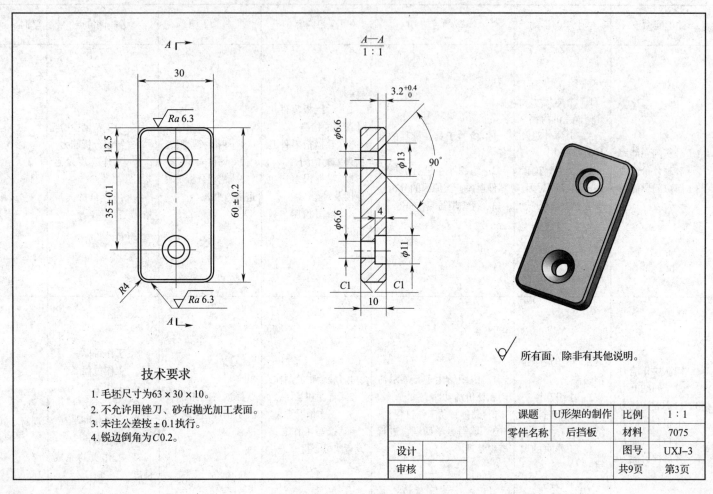

技术要求

1. 毛坯尺寸为63×30×10。
2. 不允许用锉刀、砂布抛光加工表面。
3. 未注公差按±0.1执行。
4. 锐边倒角为C0.2。

课题	U形架的制作	比例	1∶1
零件名称	后挡板	材料	7075
设计		图号	UXJ-3
审核		共9页	第3页

图 1—3　U 形架的制作——后挡板

3. 后挡板孔的加工（钳工）教学活动

表1—3　　　　　　　　任务二　后挡板孔的加工（钳工）教学活动策划表（图1—3）

教学活动	关键能力	学生学习活动	教师活动	学习内容	教学资源	考核评价点	学时	教学地点
活动一：工作任务及工艺分析	1. 资料查阅、阅读能力 2. 遵守纪律规范的意识 3. 沟通交流能力 4. 逻辑思维能力 5. 空间想象能力	1. 零件图样识读 2. 孔加工的工艺分析 3. 明确工作计划和任务要求 4. 工作页的填写	1. 组织学生分组 2. 进行安全教育和7S管理要求说明 3. 讲授识读孔的加工要求 4. 讲解加工工艺步骤和任务要求 5. 引导学生制订计划，完成工作页填写	1. 零件图样、工艺卡的阅读 2. 制图中螺纹孔的画法与标注 3. 螺纹相关知识 4. 孔加工的知识	1. 互联网 2. 标准工艺卡 3. 《简明机械手册》（中文版第二版） 4. 国家制图标准 5. 公差与配合手册	1. 信息收集 2. 专业术语使用 3. 工作页的完成情况 4. 工作态度和纪律表现 5. 工作任务的理解程度 6. 图样的识读情况 7. 工艺卡抄写情况	6课时	一体化教室
活动二：技能学习与加工准备	1. 安全意识 2. 清洁整顿意识 3. 资料查阅能力 4. 观察和分析能力 5. 沟通交流能力 6. 团队协作能力 7. 制订计划能力 8. 身体协调能力 9. 统筹决策能力	1. 学习孔加工的划线操作 2. 学习直孔的钻孔操作 3. 学习铰孔操作 4. 学习使用游标卡尺测量直孔 5. 学习攻螺纹操作 6. 学习砂轮机的使用 7. 学习选用和刃磨钻头 8. 工作页的填写	1. 制作本次任务涉及内容的演示课件 2. 组织学生观看操作示范 3. 抽查指导学生，纠后正共性错误 4. 汇总学生学习情况，帮助学生总结操作要领	1. 安全操作规程 2. 孔的划线操作要领 3. 钻床操作要领 4. 铰刀的使用要领 5. 销孔的试配操作要领 6. 攻螺纹操作要领 7. 钻头的角度测量	1. 后挡板图纸 2. 后挡板加工工艺卡 3. 安全操作规程 4. 工具、量具、刀具 5. 辅助工具	1. 工作页的完成情况 2. 工作纪律与态度	6课时	一体化教室、实训车间（活动二与活动三交替进行）

续表

教学活动	关键能力	学生学习活动	教师活动	学习内容	教学资源	考核评价点	学时	教学地点
活动三：零件的加工	1. 安全意识 2. 清洁整顿意识 3. 独立操作能力（技能） 4. 规范意识养成 5. 仔细、认真的工作素质 6. 遵守时间意识 7. 执行力 8. 处理现场问题能力	1. 从指定地点领取自己上一工序的半成品零件，检查可加工性 2. 进行后挡板孔的规范加工 3. 检测加工精度是否合格，并在规定时间内完成加工 4. 工作页的填写	1. 分发后挡板孔加工的相应工具、刀具 2. 安排学生工作岗位，检查学生是否明确任务要求 3. 进行安全文明生产教育并检查 4. 组织进行其他 7S 管理工作 5. 分步骤组织学生进行生产活动 6. 巡回指导和个别指导 7. 控制课程时间 8. 组织学生讨论学习和完成工作页	1. 安全防护要求，7S 管理要求 2. 各加工孔的划线和钻孔 3. 麻花钻的测量与修磨 4. 销孔的铰孔与试配 5. 攻螺纹操作 6. 其他未完成部位的锉削	1. 后挡板图纸 2. 后挡板孔加工工艺卡 3. 工具、量具、刀具清单 4. 安全操作规程 5. 清洁整顿及学习物品辅助工具	1. 安全文明生产 2. 加工精度检验 3. 外观等主观检验 4. 时间控制及生产纪律表现 5. 工作页的完成情况	17 课时	实训车间（活动二与活动三交替进行）
活动四：检验和质量分析	1. 分析问题能力 2. 客观评价能力 3. 解决问题能力	1. 个体尺寸、几何误差的检测 2. 个体外观及其他项目检验 3. 小组讨论误差产生的原因并陈述，思考解决措施 4. 工作页的填写	1. 检验工具、量具的准备 2. 组织小组进行零件误差产生原因的分析与陈述 3. 组织填写工作页	1. 零件尺寸误差的检测 2. 零件几何误差的检测 3. 零件误差产生原因及对策 4. 填写检验、评价、分析表格	1. 精度检验报表 2. 评价表 3. 误差分析及改进措施报表	1. 加工精度检验 2. 误差分析能力 3. 工作态度及客观性 4. 工作页的完成情况	2 课时	检验室

续表

教学活动	关键能力	学生学习活动	教师活动	学习内容	教学资源	考核评价点	学时	教学地点
活动五：工作总结与评价	1. 团队协作能力 2. 总结归纳能力 3. 口头表达能力 4. 汇报制作能力 5. 撰写报告能力 6. 客观评价能力	1. 小组展示工作成果 2. 小组互评 3. 小组讨论总结 4. 工作页的填写	1. 组织学生进行展示活动和评价活动 2. 总体评价工作过程 3. 填写教学回顾，进行资料整理	1. 展示物的制作 2. 自评和互评 3. 工作情况汇总 4. 撰写工作总结或者实习心得	根据各小组准备展示情况进行申报准备	1. 工作目标 2. 工作过程 3. 工作结果 4. 加工方法 5. 问题分析 6. 改进措施 7. 工作页的完成情况	2课时	一体化教室

4. 导块的加工（铣工）教学活动

表1—4 　　　　　　　　　　　　　任务三　导块的加工（铣工）教学活动策划表（图1—4）

教学活动	关键能力	学生学习活动	教师活动	学习内容	教学资源	考核评价点	学时	教学地点
活动一：工作任务及工艺分析	1. 资料查阅、阅读能力 2. 遵守纪律规范的意识 3. 沟通交流能力 4. 逻辑思维能力 5. 空间想象能力	1. 导块的零件图样识读 2. 导块的工艺分析 3. 明确工作计划和任务要求 4. 工作页的填写	1. 展示导块零件实物 2. 进行安全教育和7S管理要求说明 3. 讲授识读导块零件图样 4. 讲解加工工艺步骤和任务要求 5. 引导学生制订计划，完成工作页填写	1. 生产任务单的阅读 2. 图样、工艺卡的阅读 3. 导块的形状和尺寸、作用和加工要求 4. 零件图的制图标准 5. 图样尺寸公差和技术要求的识读	1. 互联网 2. 导块图纸、实物和标准工艺卡 3. 《简明机械手册》（中文版第二版） 4. 国家制图标准 5. 公差与配合手册	1. 信息收集 2. 专业术语使用 3. 工作页的完成情况 4. 工作态度和纪律表现 5. 工作任务的理解程度 6. 图样的识读情况 7. 工艺卡抄写情况	6课时	一体化教室

教学活动	关键能力	学生学习活动	教师活动	学习内容	教学资源	考核评价点	学时	教学地点
活动二：技能学习与加工准备	1. 安全意识 2. 清洁整顿意识 3. 资料查阅能力 4. 观察和分析能力 5. 沟通交流能力 6. 团队协作能力 7. 制订计划能力 8. 身体协调能力 9. 统筹决策能力	1. 学习普通铣床的各部件名称及功能 2. 学习平口钳的工件装夹操作 3. 学习普通铣床的加工操作 4. 学习用直角尺检查工件装夹 5. 复习游标卡尺的测量 6. 工作页的填写	1. 制作本任务涉及内容的演示课件 2. 组织学生观看操作示范 3. 抽查指导学生，纠正共性错误 4. 汇总学生学习情况，帮助学生总结操作要领 5. 进行安全检查和纪律管理	1. 安全防护要求 2. 普通铣床的各部件名称及功能 3. 普通铣床的工件装夹 4. 用直角尺检查工件装夹 5. 普通铣床的操作	1. 导块零件的图纸 2. 导块加工工艺卡 3. 安全操作规程 4. 工具、量具和刀具 5. 辅助工具	1. 工作页的完成情况 2. 工作纪律与态度 3. 机床操作是否规范	8课时	一体化教室、实训车间（活动二与活动三交替进行）
活动三：零件的加工	1. 安全意识 2. 清洁整顿意识 3. 独立操作能力（技能） 4. 规范意识养成 5. 仔细、认真的工作素质 6. 遵守时间意识 7. 执行力 8. 处理现场问题的能力	1. 从指定地点领取毛坯，检查毛坯的可加工性 2. 分组进行导块零件的规范加工 3. 检测加工精度是否合格，并在规定时间内完成加工 4. 工作页的填写	1. 分发导块毛坯及相应的工具、刀具 2. 安排学生工作岗位，检查学生是否明确任务要求 3. 进行安全文明生产教育并检查 4. 组织进行其他7S管理工作 5. 分步骤组织学生进行零件加工 6. 巡回指导和个别指导 7. 控制课程时间 8. 组织学生讨论学习和完成工作页	1. 安全防护要求，7S管理要求 2. 毛坯的检测 3. 使用端铣刀进行平面铣削 4. 导块平面的铣削	1. 导块零件的图纸 2. 导块加工工艺卡 3. 工量、刀具清单 4. 安全操作规程 5. 清洁整顿及学习物品辅助工具	1. 安全文明生产 2. 加工精度检验 3. 外观等主观检验 4. 时间控制及生产纪律表现 5. 工作页的完成情况	15课时	实训车间（活动二与活动三交替进行）

续表

教学活动	关键能力	学生学习活动	教师活动	学习内容	教学资源	考核评价点	学时	教学地点
活动四：检验和质量分析	1. 分析问题能力 2. 客观评价能力 3. 解决问题能力	1. 个体尺寸及几何误差的检测 2. 个体外观及其他项目检验 3. 小组讨论误差产生的原因，思考解决措施 4. 工作页的填写	1. 检验工具、量具的准备 2. 组织小组进行导块零件误差产生原因的分析与陈述 3. 组织填写工作页	1. 导块零件尺寸误差的检测 2. 导块零件几何误差的检测 3. 零件误差产生原因及对策 4. 填写检验、评价、分析表格	1. 精度检验报表 2. 评价表 3. 误差分析及改进措施报表	1. 加工精度检验 2. 误差分析能力 3. 工作态度及客观性 4. 工作页的完成情况	2 课时	检验室
活动五：工作总结与评价	1. 团队协作能力 2. 总结归纳能力 3. 口头表达能力 4. 汇报制作能力 5. 撰写报告能力 6. 客观评价能力	1. 小组展示工作成果 2. 小组互评 3. 小组讨论总结 4. 工作页的填写	1. 组织学生进行展示活动和评价活动 2. 总体评价工作过程 3. 填写教学回顾，进行资料整理	1. 展示物的制作 2. 自评和互评 3. 工作情况汇总 4. 撰写工作总结或者实习心得	根据各小组准备展示情况进行申报准备	1. 工作目标 2. 工作过程 3. 工作结果 4. 加工方法 5. 问题分析 6. 改进措施 7. 工作页的完成情况	2 课时	一体化教室

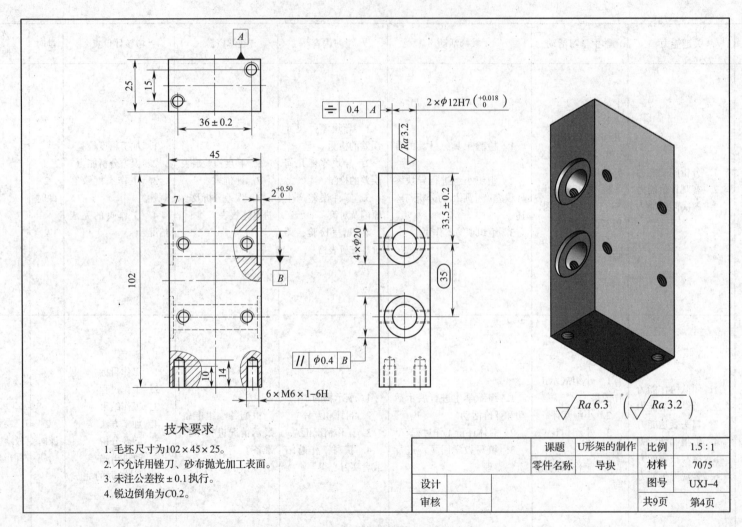

技术要求

1. 毛坯尺寸为102×45×25。
2. 不允许用锉刀、砂布抛光加工表面。
3. 未注公差按±0.1执行。
4. 锐边倒角为C0.2。

课题	U形架的制作	比例	1.5:1
零件名称	导块	材料	7075
设计		图号	UXJ—4
审核		共9页	第4页

图1—4　U形架的制作——导块

5. 底座组合件的加工（铣工）教学活动

表1—5　　　　　　　　　　　任务四　底座组合件的加工（铣工）教学活动策划表（图1—5、图1—6）

教学活动	关键能力	学生学习活动	教师活动	学习内容	教学资源	考核评价点	学时	教学地点
活动一：工作任务及工艺分析	1. 资料查阅、阅读能力 2. 遵守纪律规范的意识 3. 沟通交流能力 4. 逻辑思维能力 5. 空间想象能力	1. 底座组合件的零件图样识读 2. 底座组合件的工艺分析 3. 明确工作计划和任务要求 4. 工作页的填写	1. 展示底座组合件零件实物 2. 组织学生分组 3. 教授识读底座组合件零件图样 4. 说明加工工艺步骤和任务要求 5. 引导学生制订计划，完成工作页填写	1. 生产任务单的阅读 2. 图样、工艺卡的阅读 3. 底座组合件的形状和尺寸、作用、加工要求 4. 零件图的制图标准 5. 图样上技术要求的识读 6. 普通铣床的分类与传动机构	1. 互联网 2. 底座组合件图纸、实物和标准工艺卡 3. 《简明机械手册》（中文版第二版） 4. 国家制图标准 5. 公差与配合手册	1. 信息收集 2. 专业术语使用 3. 工作页的完成情况 4. 工作态度和纪律表现 5. 工作任务的理解程度 6. 图样的识读情况 7. 工艺卡抄写情况	4课时	一体化教室
活动二：技能学习与加工准备	1. 安全意识 2. 清洁整顿意识 3. 资料查阅能力 4. 观察分析能力 5. 沟通交流能力 6. 团队协作能力 7. 制订计划能力 8. 身体协调能力 9. 统筹决策能力	1. 学习普通铣床的分类与传动机构 2. 巩固普通铣床的操作 3. 学习普通铣床刀具的分类与功用 4. 铣床的维护与保养知识 5. 工作页的填写	1. 制作本任务涉及内容的演示课件 2. 组织学生现场教学和观看操作示范。 3. 抽查指导学生，纠正共性错误 4. 汇总学习情况	1. 安全防护要求，7S管理要求及机床日常保养 2. 铣床的维护与保养知识 3. 普通铣床的刀具分类与功用	1. 底座组合件图纸 2. 底座组合件加工工艺卡 3. 安全操作规程 4. 工具、量具、刀具 5. 辅助工具	1. 工作页的完成情况 2. 工作纪律与态度	4课时	一体化教室、实训车间（活动二与活动三交替进行）

教学活动	关键能力	学生学习活动	教师活动	学习内容	教学资源	考核评价点	学时	教学地点
活动三：零件的加工	1. 安全意识 2. 清洁整顿意识 3. 独立操作能力（技能） 4. 规范意识养成 5. 仔细、认真的工作素质 6. 遵守时间意识 7. 执行力 8. 处理现场问题能力	1. 从指定地点领取毛坯，检查毛坯的可加工性 2. 分组进行底座组合件零件的规范加工 3. 检测加工精度是否合格，并在规定时间内完成加工 4. 工作页的填写	1. 分发底座组合件毛坯及相应工具、刀具 2. 安排学生工作岗位，检查学生是否明确任务要求 3. 进行安全文明生产教育并检查 4. 组织进行其他 7S 管理工作 5. 分步骤组织学生进行生产活动 6. 巡回指导和个别指导 7. 控制课程时间 8. 组织学生讨论学习和完成工作页	1. 安全防护要求，7S 管理要求 2. 毛坯的检测 3. 基准面的铣削 4. 其余面的铣削	1. 底座组合件图纸 2. 底座组合件加工工艺卡 3. 工具、量具、刀具清单 4. 安全操作规程 5. 清洁整顿及学习物品辅助工具	1. 安全文明生产 2. 加工精度检验 3. 外观等主观检验 4. 时间控制及生产纪律表现 5. 工作页的完成情况	30课时	实训车间（活动二与活动三交替进行）
活动四：检验和质量分析	1. 分析问题能力 2. 客观评价能力 3. 解决问题能力	1. 个体尺寸及几何误差的检测 2. 个体外观及其他项目检验 3. 小组讨论误差产生的原因，思考解决措施 4. 工作页的填写	1. 检验工具、量具的准备 2. 组织小组进行底座组合件零件误差产生原因的分析与陈述 3. 组织填写工作页	1. 底座组合件零件的尺寸误差检测 2. 底座组合件零件的几何误差检测 3. 零件误差产生原因及对策 4. 填写检验、评价、分析表格	1. 精度检验报表 2. 评价表 3. 误差分析改进措施报表	1. 加工精度检验 2. 误差分析能力 3. 工作态度及客观性 4. 工作页的完成情况	4课时	检验室
活动五：工作总结与评价	1. 团队协作能力 2. 总结归纳能力 3. 口头表达能力 4. 汇报制作能力 5. 撰写报告能力 6. 客观评价能力	1. 小组展示工作成果 2. 小组互评 3. 小组讨论总结 4. 工作页的填写	1. 组织学生进行展示活动和评价活动 2. 总体评价工作过程 3. 填写教学回顾，进行资料整理	1. 展示物的制作 2. 自评和互评 3. 工作情况汇总 4. 撰写工作总结或者实习心得	根据各小组准备展示情况进行申报准备	1. 工作目标 2. 工作过程 3. 工作结果 4. 加工方法 5. 问题分析 6. 改进措施 7. 工作页的完成情况	2课时	一体化教室

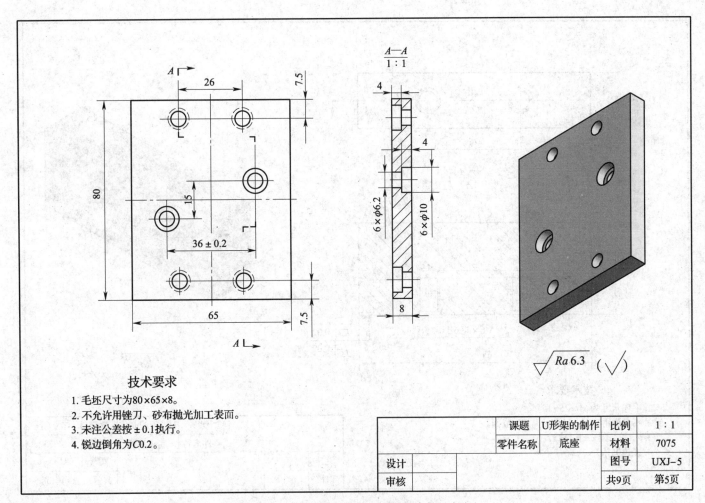

技术要求

1. 毛坯尺寸为80×65×8。
2. 不允许用锉刀、砂布抛光加工表面。
3. 未注公差按±0.1执行。
4. 锐边倒角为C0.2。

课题	U形架的制作	比例	1：1
零件名称	底座	材料	7075
设计		图号	UXJ-5
审核		共9页	第5页

图1—5　U形架的制作——底板组合件（底座）

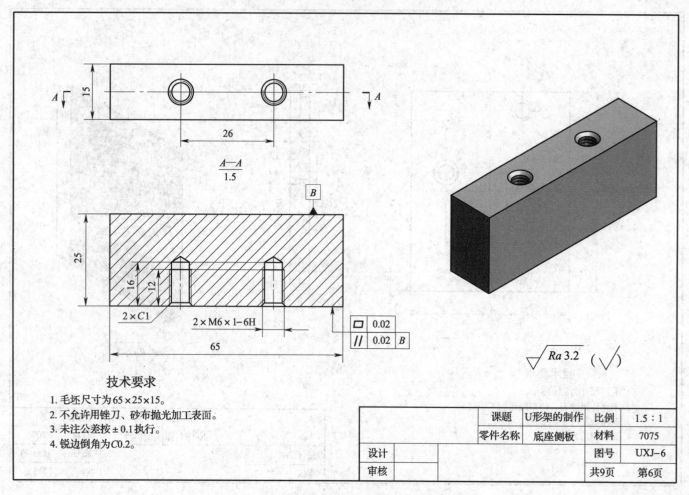

技术要求

1. 毛坯尺寸为65×25×15。
2. 不允许用锉刀、砂布抛光加工表面。
3. 未注公差按±0.1执行。
4. 锐边倒角为C0.2。

	课题	U形架的制作	比例	1.5∶1
	零件名称	底座侧板	材料	7075
设计			图号	UXJ-6
审核			共9页	第6页

图1—6　U形架的制作——底板组合件（底座侧板）

6. 前挡板的加工（铣工／钳工）教学活动

表 1—6　　　　　　　　　　　任务五　前挡板的加工（铣工／钳工）教学活动策划表（图 1—7）

教学活动	关键能力	学生学习活动	教师活动	学习内容	教学资源	考核评价点	学时	教学地点
活动一：工作任务及工艺分析	1. 资料查阅、阅读能力 2. 遵守纪律规范的意识 3. 沟通交流能力 4. 逻辑思维能力 5. 空间想象能力	1. 前挡板的零件图样识读 2. 前挡板的工艺分析 3. 明确工作计划和任务要求 4. 工作页的填写	1. 展示前挡板零件实物 2. 组织学生分组 3. 讲授识读前挡板零件图样 4. 讲解加工工艺步骤和任务要求 5. 引导学生制订计划，完成工作页填写	1. 生产任务单的阅读 2. 图样、工艺卡的阅读 3. 前挡板的形状和尺寸、作用和加工要求 4. 零件图的制图标准 5. 图样上技术要求的识读 6. 切削用量的作用与计算	1. 互联网 2. 前挡板图纸、实物和标准工艺卡 3.《简明机械手册》（中文版第二版） 4. 国家制图标准 5. 公差与配合手册	1. 信息收集 2. 专业术语使用 3. 工作页的完成情况 4. 工作态度和纪律表现 5. 工作任务的理解程度 6. 图样的识读情况 7. 工艺卡抄写情况	6课时	一体化教室
活动二：技能学习与加工准备	1. 安全意识 2. 清洁整顿意识 3. 资料查阅能力 4. 观察和分析能力 5. 沟通交流能力 6. 团队协作能力 7. 制订计划能力 8. 身体协调能力 9. 统筹决策能力	1. 学习切削用量的计算 2. 学习普通铣床切削用量的调整 3. 学习提高平面加工精度的方法 4. 学习普通铣床其他工具的使用 5. 工作页的填写	1. 制作本任务涉及内容的演示课件 2. 组织学生观看操作示范 3. 抽查指导学生，纠正共性错误 4. 汇总学生学习情况，帮助学生改进加工质量	1. 安全防护要求 2. 普通铣床切削用量的调整操作 3. 普通铣床其他工具的使用 4. 平面铣削质量控制	1. 前挡板图纸 2. 前挡板加工工艺卡 3. 安全操作规程 4. 工具、量具、刀具 5. 辅助工具	1. 工作页的完成情况 2. 工作纪律与态度	12课时	一体化教室、实训车间（活动二与活动三交替进行）

续表

教学活动	关键能力	学生学习活动	教师活动	学习内容	教学资源	考核评价点	学时	教学地点
活动三：零件的加工	1. 安全意识 2. 清洁整顿意识 3. 独立操作能力（技能） 4. 规范意识养成 5. 仔细、认真的工作素质 6. 遵守时间意识 7. 执行力 8. 处理现场问题能力	1. 从指定地点领取毛坯，检查毛坯的可加工性 2. 分组进行前挡板零件的规范加工 3. 检测加工精度是否合格，并在规定时间内完成加工 4. 工作页的填写	1. 分发后前挡板毛坯及相应工具、刀具 2. 安排学生工作岗位，检查学生是否明确任务要求 3. 进行安全文明生产教育并检查 4. 组织进行其他7S管理工作 5. 分步骤组织学生进行生产活动 6. 巡回指导和个别指导 7. 控制课程时间 8. 组织学生讨论学习和完成工作页	1. 安全防护要求，7S管理要求 2. 毛坯的检测 3. 前挡板的铣削加工 4. 前挡板的圆角和倒角锉削 5. 方孔余料去除（锉削）	1. 前挡板图纸 2. 前挡板加工工艺卡 3. 前挡板加工工序卡片 4. 工具、量具、刀具清单 5. 安全操作规程 6. 清洁整顿及学习物品辅助工具	1. 安全文明生产 2. 加工精度检验 3. 外观等主观检验 4. 时间及生产纪律表现 5. 工作页的完成情况	44课时	实训车间（活动二与活动三交替进行）
活动四：检验和质量分析	1. 分析问题能力 2. 客观评价能力 3. 解决问题能力	1. 个体尺寸及几何误差的检测 2. 个体外观及其他项目检验 3. 小组讨论误差产生的原因，思考解决措施 4. 工作页的填写	1. 检验工具、量具的准备 2. 组织小组进行后挡板零件误差产生原因的分析与陈述 3. 组织填写工作页	1. 前挡板零件的尺寸误差检测 2. 前挡板零件的几何误差检测 3. 零件误差产生原因及对策 4. 填写检验、评价、分析表格	1. 精度检验报表 2. 评价表 3. 误差分析及改进措施报表	1. 加工精度检验 2. 误差分析能力 3. 工作态度及客观性 4. 工作页的完成情况	2课时	检验室
活动五：工作总结与评价	1. 团队协作能力 2. 总结归纳能力 3. 口头表达能力 4. 汇报制作能力 5. 撰写报告能力 6. 客观评价能力	1. 小组展示工作成果 2. 小组互评 3. 小组讨论总结 4. 工作页的填写	1. 教师组织学生进行展示活动和评价活动 2. 总体评价工作过程 3. 填写教学回顾，进行资料整理	1. 展示物的制作 2. 自评和互评 3. 工作情况汇总 4. 撰写工作总结或者实习心得	根据各小组准备展示情况进行申报准备	1. 工作目标 2. 工作过程 3. 工作结果 4. 加工方法 5. 问题分析 6. 改进措施 7. 工作页的完成情况	2课时	一体化教室

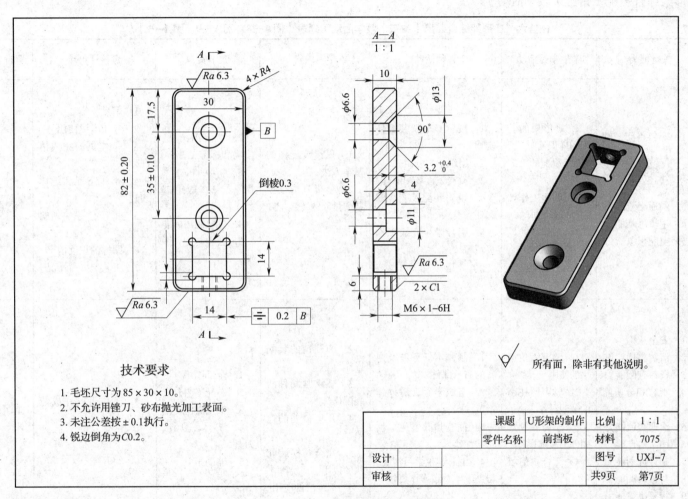

技术要求

1. 毛坯尺寸为 85×30×10。
2. 不允许用锉刀、砂布抛光加工表面。
3. 未注公差按 ±0.1 执行。
4. 锐边倒角为 C0.2。

课题	U形架的制作	比例	1：1
零件名称	前挡板	材料	7075
设计		图号	UXJ-7
审核		共9页	第7页

图 1—7 U 形架的制作——前挡板

7. U 形架综合装配（钳工）教学活动

表 1—7   任务六   U 形架综合装配（钳工）教学活动策划表（图 1—8、图 1—9、图 1—1）

教学活动	关键能力	学生学习活动	教师活动	学习内容	教学资源	考核评价点	学时	教学地点
活动一：工作任务及工艺分析	1. 资料查阅、阅读能力 2. 遵守纪律规范的意识 3. 沟通交流能力 4. 逻辑思维能力 5. 空间想象能力	1. U 形架的装配图样识读 2. 装配的工艺分析 3. 明确工作计划和任务要求 4. 工作页的填写	1. 展示 U 形架装配体实物 2. 组织学生分组 3. 教授识读装配图样 4. 说明装配工艺步骤和任务要求 5. 引导学生完成工作页填写	1. 识读装配图的基本方法 2. 分析 U 形架组装质量问题（装配知识）	1. 互联网 2. 装配图图纸、实物和标准工艺卡 3.《简明机械手册》（中文版第二版） 4. 国家制图标准 5. 公差与配合手册	1. 信息收集 2. 专业术语使用 3. 工作页的完成情况 4. 工作态度和纪律表现 5. 工作任务的理解程度 6. 图样的识读情况 7. 工艺卡抄写情况	6 课时	一体化教室
活动二：技能学习与准备	1. 安全意识 2. 清洁整顿意识 3. 资料查阅能力 4. 观察和分析能力 5. 沟通交流能力 6. 团队协作能力 7. 制订计划能力 8. 身体协调能力 9. 统筹决策能力	1. 学习六角扳手的使用 2. 学习圆柱销的装配操作 3. 学习螺纹紧固件的装配操作 4. 工作页的填写	1. 制作本任务涉及内容的演示课件 2. 组织学生观看操作示范 3. 抽查指导学生，纠正共性错误 4. 汇总学生学习情况，帮助学生总结操作要领	1. 安全防护要求 2. 圆柱销的装配操作 3. 螺纹紧固件的装配操作 4. 几何公差的检测 5. 完全互换装配法的应用 6. 选配法的应用 7. 修配法的应用	1. 全部图纸 2. 装配工艺卡 3. 安全操作规程 4. 工具、量具、刀具 5. 辅助工具	1. 工作页的完成情况 2. 工作纪律与态度	10 课时	一体化教室、实训车间（活动二与活动三交替进行）

续表

教学活动	关键能力	学生学习活动	教师活动	学习内容	教学资源	考核评价点	学时	教学地点
活动三：装配	1. 安全意识 2. 清洁整顿意识 3. 独立操作能力（技能） 4. 规范意识养成 5. 仔细、认真的工作素质 6. 遵守时间意识 7. 执行力 8. 处理现场问题能力	1. 从指定地点领取装配零件 2. 分组进行装配 3. 检测装配精度是否合格，并在规定时间内完成加工 4. 工作页的填写	1. 分发各零件及相应工具、刀具 2. 组织学生进行生产活动 3. 巡回指导和个别指导 4. 控制课程时间 5. 组织学生讨论学习和完成工作页	1. 安全防护要求，7S管理要求 2. 零件的检测和修配 3. U形架的装配 4. U形架装配后的测量	1. 全部图纸 2. 装配工艺卡 3. 工具、量具、刀具清单 4. 安全操作规程 5. 清洁整顿及学习物品辅助工具	1. 安全文明生产 2. 加工精度检验 3. 外观等主观检验 4. 时间控制及生产纪律表现 5. 工作页的完成情况	62课时	实训车间（活动二与活动三交替进行）
活动四：检验和质量分析	1. 分析问题能力 2. 客观评价能力 3. 解决问题能力	1. 小组讨论装配误差产生的原因，思考解决措施 2. 工作页的填写	1. 检验工具、量具的准备 2. 组织小组进行误差产生原因的分析与陈述 3. 组织填写工作页	1. 装配几何误差的检测 2. 装配误差产生原因及对策 3. 填写检验、评价、分析表格	1. 精度检验报表 2. 评价表 3. 误差分析及改进措施报表	1. 加工精度检验 2. 误差分析能力 3. 工作态度及客观性 4. 工作页的完成情况	6课时	检验室
活动五：工作总结与评价	1. 团队协作能力 2. 总结归纳能力 3. 口头表达能力 4. 汇报制作能力 5. 撰写报告能力 6. 客观评价能力	1. 小组展示工作成果 2. 小组互评 3. 小组讨论总结 4. 工作页的填写	1. 组织学生进行展示活动和评价活动 2. 总体评价工作过程 3. 填写教学回顾，进行资料整理	1. 展示物的制作 2. 自评和互评 3. 工作情况汇总 4. 撰写工作总结或者实习心得	根据各小组准备展示情况进行申报准备	1. 工作目标 2. 工作过程 3. 工作结果 4. 加工方法 5. 问题分析 6. 改进措施 7. 工作页完成情况	4课时	一体化教室

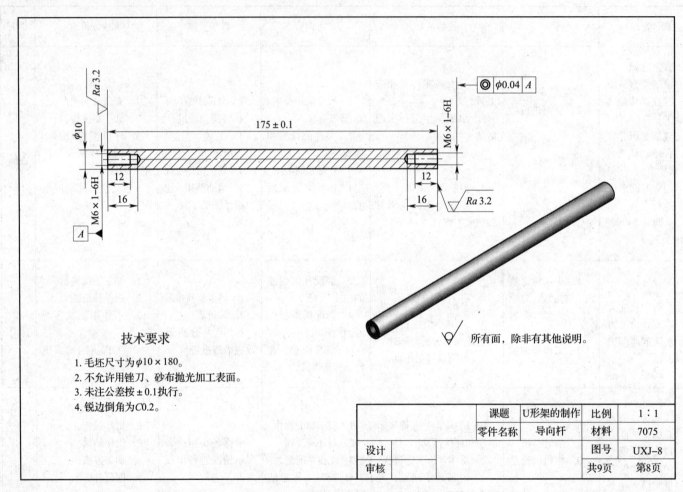

技术要求

1. 毛坯尺寸为 $\phi10 \times 180$。
2. 不允许用锉刀、砂布抛光加工表面。
3. 未注公差按 ±0.1 执行。
4. 锐边倒角为C0.2。

课题	U形架的制作	比例	1：1
零件名称	导向杆	材料	7075
设计		图号	UXJ-8
审核		共9页	第8页

图 1—8   U 形架的制作——导向杆（成品）

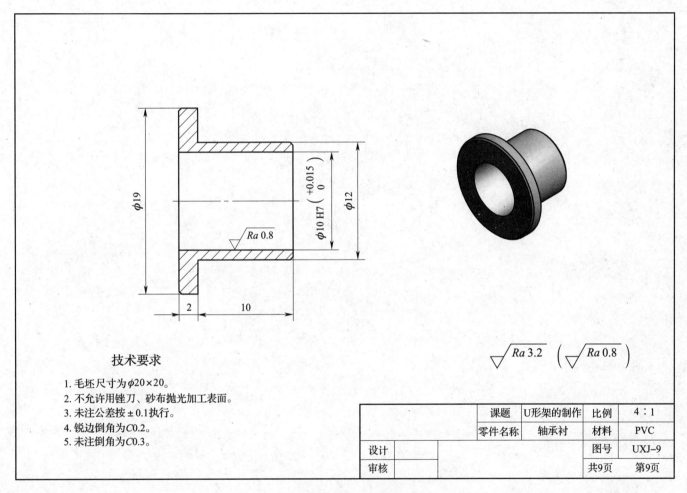

技术要求

1. 毛坯尺寸为 $\phi20\times20$。
2. 不允许用锉刀、砂布抛光加工表面。
3. 未注公差按 ± 0.1 执行。
4. 锐边倒角为 C0.2。
5. 未注倒角为 C0.3。

$\sqrt{Ra\,3.2}\left(\sqrt{Ra\,0.8}\right)$

课题	U形架的制作	比例	4：1
零件名称	轴承衬	材料	PVC
设计		图号	UXJ-9
审核		共9页	第9页

图 1—9　U 形架的制作——轴承衬（成品）

普车一体化

课题二　固定顶尖的制作

（4 周，每周 22 课时）

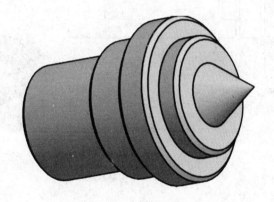

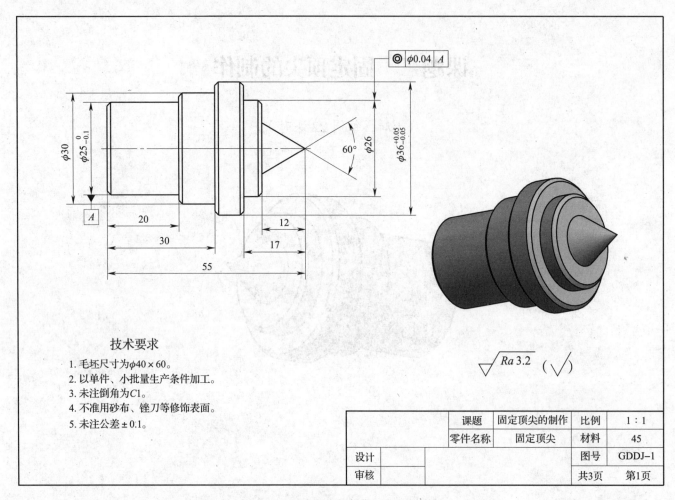

技术要求

1. 毛坯尺寸为$\phi40\times60$。
2. 以单件、小批量生产条件加工。
3. 未注倒角为$C1$。
4. 不准用砂布、锉刀等修饰表面。
5. 未注公差±0.1。

$\sqrt{Ra\,3.2}$ $(\sqrt{})$

课题	固定顶尖的制作	比例	1:1
零件名称	固定顶尖	材料	45
设计		图号	GDDJ–1
审核		共3页	第1页

图 2—1 固定顶尖的制作——固定顶尖

一、固定顶尖的制作教学任务

固定顶尖的制作

任务一
C6132A1车床操作（0.5周）

任务二
台阶轴的加工（0.5周）

任务三
圆锥特征的加工（1.5周）

任务四
固定顶尖成品加工（1.5周）

任务总结

知识点

L1.1 7S的安全知识（普通车床）

L1.2 轴类零件的表达和尺寸标注

L1.3 工序简图的绘制

L1.4 车床的分类及型号

L1.5 车刀的种类及用途

知识点

L2.1 车削运动及车削时形成的三个表面

L2.2 切削用量三要素（只讲背吃刀量）

L2.3 切削用量的选择（只讲背吃刀量）

L2.4 外圆、端面的车削

L2.5 轴类零件图的绘制

知识点

L3.1 台阶轴的车削（复习）

L3.2 锥度的车削

知识点

L4.1 轴类零件的车削工艺特点

L4.2 轴类零件的加工工艺路线

技能点

S1.6 C6132A1车床的操作

S1.7 C6132A1车床的维护保养

S1.8 车刀的刃磨

S1.9 质量分析

综合技能：会写总结分析报告并展示、交流

技能点

S2.6 工件装夹及刀具安装

S2.7 外圆、端面、倒角车削

S2.8 游标卡尺的使用

S2.9 外圆、端面质量分析

综合技能：会写总结分析报告并展示、交流

技能点

S3.3 转动小滑板法加工锥度

S3.4 游标万能角度尺的使用

S3.5 锥体轮廓误差分析

综合技能：能通过各种方式展示自己的学习成果

技能点

S4.3 台阶轴的加工

S4.4 锥度的加工

S4.5 莫氏锥度的检测

综合技能：会写总结分析报告并展示、交流

二、固定顶尖的制作教学活动

1. 任务导入

表 2—1   **固定顶尖的制作学习任务描述**

一体化课程名称	普车一体化		
任务名称	固定顶尖的制作	任务学时	88 课时
任务情境	某培训中心委托我系学生加工一批固定顶尖作为备件（教学用具），数量为 20 个，毛坯及加工要求见图 2—1。学生在教师指导下到生产主管处领取加工任务单，分析任务单和图样，明确任务要求后查阅和学习相关资料，编制加工工艺，依照规定领取所需的工具、量具、夹具、刀具等。在教师或者生产主管所审定的时间内，安全规范地完成固定顶尖的制作任务。如果学生能按教师要求严格执行每个工作步骤，则证明学生已掌握零件普车一体化加工的基本工作步骤、基本操作技能和工作方法。		
学习目标	1. 能独立阅读固定顶尖的制作各零件和工序图样及生产任务单，明确工时、毛坯、加工数量等要求，明确所加工零件的形状、技术要求和基本工作用途。 2. 能按要求填写工艺卡，查阅相关资料并进行计算，明确加工技术要求和加工工艺。 3. 能按图样要求，测量毛坯外形尺寸，判断毛坯是否符合加工要求。 4. 能根据现场条件，通过学习，做好生产所需的工具、量具、夹具、辅件及切削液的准备和整理。 5. 能识别常用工具、量具、刀具，根据零件材料和形状特征，合理选择和使用工具、量具、刀具。 6. 能正确装夹工件和车刀及辅件。 7. 能检查机床各功能运行情况，按操作规程进行加工及机床日常保养和清洁工作。 8. 能根据零件材料、刀具材料、加工性质等因素，查阅切削手册，确定机床加工中切削三要素中的切削速度、进给量和背吃刀量，并能运用切削速度计算公式计算相应的转速，调整机床进行生产。 9. 在加工零件过程中，能严格按照操作规程使用机床和工具、量具、刀具，按工艺进行切削；根据切削状态调整切削用量，保证正常切削；适时检测，保证加工精度。 10. 能进行自检，判断零件是否合格。 11. 能按车间现场管理规定，正确放置零件、工具、量具、刀具等生产物品。 12. 能按产品工艺流程和车间要求，进行产品交接并确认。 13. 能按车间规定填写交接班记录等各项生产记录（表格）。 14. 能主动获取有效信息，展示工作成果，对学习与工作进行总结反思，不断总结经验，学习解决问题的方法。 15. 能与他人合作，进行有效沟通，协调小组角色分工，进行团队协作，解决实际问题。 16. 能够严格遵守各项规章制度和安全生产要求，形成不打折扣地执行工作任务的工作素养。		

续表

一体化课程名称	普车一体化		
任务名称	固定顶尖的制作	任务学时	88 课时

学习内容	1. 7S 现场管理知识和安全操作规程。 2. 任务单、工艺卡、检验卡、交接班记录和保养卡等技术文件的填写要求。 3. 图样中零件的形状识读，尺寸和技术要求的识读。 4. 零件图的基本要素和国家标准规定。 5. 游标卡尺和游标万能角度尺的正确使用。 6. 普通车床的主要组成、结构、基本操作要领。 7. 车刀的选用和质量检验方法。 8. 普车加工的工件装夹。 9. 切削三要素选择及计算。 10. 普通车床加工的相关知识。 11. 零件加工的质量分析方法及改进措施。

教学建议	设施设备（以 25 人班级为例）： 1. 普通车床：10 ~ 12 台。 2. 工具车：10 ~ 15 台。 3. 砂轮机：3 ~ 5 台。 4. 电教设备：1 套。 5. 移动白板：1 块。	车间要求： 1. 一体化教室：100 m², 配电满足教学需要，环保符合国家标准要求。 2. 普通车床实训车间：200 m², 配电满足教学需要，环保符合国家标准要求。
	教学组织形式建议： 1. 教师组织学生穿戴好工作服、胸卡集合，进行安全教育后方可进入实习车间学习。 2. 根据任务活动环节和作业分工，教师安排学生交叉进行作业（刃磨车刀和机床操作），及时抓住学习任务中的难点、要点进行指导，做好分组示范操作和讲解（5 ~ 6 人为一组），并要求学生做好示范操作步骤记录，让学生写出详细加工步骤方可操作机床和加工。 3. 以情景模拟的形式，教师安排学生扮演角色，从资料室领取相关手册、领料单、刀具卡、工序单、检验卡、交接班记录。 4. 以情景模拟的形式，教师安排学生扮演角色，从材料仓库领取材料、切削液。 5. 以情景模拟的形式，教师安排学生扮演角色，从工具仓库领取工具、量具、夹具、刀具并交付及归还等。 6. 教师组织学生以小组或个人形式，向全班展示、汇报学习成果。	
	教学注意要点： 1. 本学习任务不需要每人或每个小组采用同样的加工工艺，在保证加工安全的前提下，可以自由编写自己的加工工艺。（第一次操作机床时教师做示范加工零件除外） 2. 各小组成员需独立完成自己的学习任务，而不是以小组为单位，避免小组内仅有几位同学参与。 3. 全班同学轮流与他人合作组成小组（不是固定的学习小组），有更多的机会与他人合作，培养学生团队合作能力。	

2. C6132A1 车床操作教学活动

表 2—2　　　　　　　　　　　　　　　　　任务一　C6132A1 车床操作教学活动策划表

教学活动	关键能力	学生学习活动	教师活动	学习内容	教学资源	考核评价点	学时	教学地点
活动一：工作任务分析	1. 资料查阅、阅读能力 2. 遵守纪律规范的意识 3. 沟通交流能力 4. 逻辑思维能力 5. 空间想象能力	1. 车床的分类、型号 2. 查阅教材完成工作页的填写 3. 小组讨论学习	1. 介绍车床的分类、型号 2. 组织学生独立完成工作页及分组讨论 3. 布置车床操作的相关信息收集任务 4. 讲解轴类零件的表达和尺寸标注 5. 尺寸公差的识读及分析	1. 生产任务单的阅读 2. 图样、工艺卡的阅读 3. 车床的分类和型号 4. 工序简图的绘制 5. 轴类零件的表达和尺寸标注	1. 互联网 2.《车工工艺与技能训练》教材 3.《简明机械手册》（中文版第二版） 4. 国家制图标准 5. 绘图用坐标纸	1. 信息收集 2. 专业术语使用 3. 独立完成工作页及分组讨论学习情况 4. 三视图的规范性和正确性 5. 尺寸公差的掌握情况	2课时	一体化教室
活动二：技能学习与准备	1. 资料查阅能力 2. 协调能力 3. 安全意识 4. 工作统筹能力	1. 学习刃磨车刀 2. 学习车刀角度知识 3. 观摩老师示范操作车床 4. 工作页的填写	1. 制作本任务涉及内容的演示视频 2. 组织学生观看刀具的刃磨示范（教学视频）	1. 车刀的刃磨 2. 普通车床的基本操作	1. 加工工艺卡 2. 安全操作规程 3.《简明机械手册》（中文版第二版） 4. C6132A1 车床 5. 工具、量具、刀具 6. 辅助工具	1. 工作页的完成情况 2. 刀具的刃磨方法和操作规范性 3. 刀具的刃磨质量 4. 车床的操作方法	1课时	一体化教室、实训车间（活动二与活动三交替进行）

续表

教学活动	关键能力	学生学习活动	教师活动	学习内容	教学资源	考核评价点	学时	教学地点
活动三：C6132A1车床操作	1. 独立操作能力 2. 规范意识养成 3. 处理现场问题能力	1. C6132A1车床操作 2. C6132A1车床的维护保养 3. 外圆车刀的刃磨	1. 分组安排机床与砂轮机 2. 外圆车刀刃磨示范操作及车床的示范操作（以6人左右小组形式为宜） 3. 巡回指导和个别指导	1. C6132A1车床的维护保养 2. C6132A1车床的规范操作	1. 安全操作规程（7S管理） 2.《简明机械手册》（中文版第二版） 3. C6132A1车床 4. 测量工具 5. 辅助工具	1. 机床操作 2. 安全操作规范的养成 3. 工作页的完成情况	6课时	实训车间（活动二与活动三交替进行）
活动四：检验和质量分析	1. 分析问题能力 2. 客观评价能力 3. 解决问题能力	1. 个人操作记录（含不当操作） 2. 小组讨论操作过程的技巧及出现的问题 3. 车刀刃磨角度正确性分析 4. 工作页的填写	1. 引导学生记录操作过程 2. 组织填写工作页	1. 问题分析 2. 自主评价 3. 问题解决	1. 评价表 2. 错误分析及改进措施报表	1. 不规范操作的分析能力 2. 车刀刃磨角度 3. 工作态度及客观性 4. 工作页的完成情况	1课时	实训车间
活动五：工作总结与评价	1. 团队协作能力 2. 总结归纳能力 3. 口头表达能力 4. 汇报制作能力 5. 撰写报告能力 6. 客观评价能力	1. 小组展示工作成果 2. 小组互评 3. 小组讨论总结 4. 工作页的填写	1. 组织学生进行展示活动和评价活动 2. 总体评价工作过程 3. 填写教学回顾，进行资料整理	1. 展示物的制作自评和互评 2. 总体评价工作过程 3. 工作情况汇总 4. 撰写工作总结或者实习心得	根据各小组准备展示情况进行申报准备	1. 工作目标 2. 工作过程 3. 工作结果 4. 加工方法 5. 问题分析 6. 改进措施 7. 工作页的完成情况	1课时	一体化教室

3. 台阶轴的加工教学活动

表2—3　　　　　　　　　　　　　任务二　台阶轴的加工教学活动策划表（图2—2）

教学活动	关键能力	学生学习活动	教师活动	学习内容	教学资源	考核评价点	学时	教学地点
活动一：工作任务及工艺分析	1. 资料查阅、阅读能力 2. 遵守纪律规范的意识 3. 沟通交流能力 4. 逻辑思维能力 5. 空间想象能力	1. 台阶轴零件图样识读 2. 查阅教材完成工作页的填写（车削运动和切削用量相关知识） 3. 小组讨论学习	1. 展示台阶轴零件实物 2. 组织学生独立完成工作页及分组讨论 3. 布置信息收集任务 4. 讲解轴类零件的表达和尺寸标注	1. 生产任务单的阅读 2. 图样、工艺卡的阅读 3. 车削运动及车削时形成的表面 4. 切削用量三要素 5. 轴类零件图的绘制	1. 互联网 2.《车工工艺与技能训练》教材 3.《简明机械手册》（中文版第二版） 4. 国家制图标准 5. 手工绘图用的坐标纸	1. 信息收集 2. 专业术语使用 3. 独立完成工作页及分组讨论学习情况 4. 视图的规范性和正确性 5. 尺寸公差的掌握情况	1课时	一体化教室
活动二：技能学习与加工准备	1. 资料查阅能力 2. 协调能力 3. 安全意识 4. 工作统筹能力	1. 观看加工演示视频 2. 修磨外圆车刀 3. 工作页的填写	1. 制作本任务涉及内容的演示视频 2. 组织学生观看手动加工示范教学视频	1. 工件装夹及刀具安装 2. 外圆、端面及倒角的车削方法	1. 台阶轴加工工艺卡 2. 安全操作规程 3.《简明机械手册》（中文版第二版） 4. C6132A1 车床 5. 工具、量具、刀具 6. 辅助工具	1. 工作页完成情况 2. 刀具的刃磨方法和操作规范 3. 刀具的刃磨质量	1课时	一体化教室、实训车间（活动二与活动三交替进行）

续表

教学活动	关键能力	学生学习活动	教师活动	学习内容	教学资源	考核评价点	学时	教学地点
活动三：零件的加工	1. 独立操作能力 2. 规范意识养成 3. 处理现场问题能力	1. 从指定地点领取毛坯及工夹量具，检查毛坯的可加工性 2. 分组进行台阶轴零件的规范加工 3. 检测外圆及长度尺寸是否合格，并在规定时间内完成加工	1. 分发毛坯及相应工具、刀具 2. 车外圆及端面的示范操作（以6人左右小组形式为宜） 3. 巡回指导和个别指导	1. 台阶轴的手动加工 2. 外圆及长度尺寸的控制方法 3. 切削用量的合理选用	1. 台阶轴零件图纸 2. 台阶轴加工工艺卡 3. 安全操作规程（7S管理） 4.《简明机械手册》（中文版第二版） 5. C6132A1车床 6. 测量工具 7. 辅助工具	1. 机床操作 2. 外圆及长度精度的测量 3. 加工质量 4. 安全操作规范的养成 5. 工作页的完成情况	6课时	实训车间（活动二与活动三交替进行）
活动四：检验和质量分析	1. 分析问题能力 2. 客观评价能力 3. 解决问题能力	1. 个体尺寸误差的检测 2. 个体外观及其他项目检验 3. 小组讨论误差产生的原因并陈述，思考解决措施 4. 工作页的填写	1. 检验的工具、量具准备 2. 组织小组进行对台阶轴零件误差产生原因的分析与陈述 3. 组织填写工作页	1. 零件尺寸误差的检测 2. 零件误差产生原因分析 3. 填写检验、评价、分析表格	1. 精度检验报表 2. 评价表 3. 误差分析及改进措施报表	1. 加工精度检验 2. 误差分析能力 3. 工作态度及客观性 4. 工作页的完成情况	1课时	实训车间
活动五：工作总结与评价	1. 团队协作能力 2. 总结归纳能力 3. 口头表达能力 4. 汇报制作能力 5. 撰写报告能力 6. 客观评价能力	1. 小组展示工作成果 2. 小组互评 3. 小组讨论总结 4. 工作页的填写	1. 组织学生进行展示活动和评价活动 2. 总体评价工作过程 3. 填写教学回顾和资料整理	1. 展示物的制作 2. 自评和互评 3. 工作情况汇总 4. 撰写工作总结或者实习心得	根据各小组准备展示情况进行申报准备	1. 工作目标 2. 工作过程 3. 工作结果 4. 加工方法 5. 问题分析 6. 改进措施 7. 工作页的完成情况	2课时	一体化教室

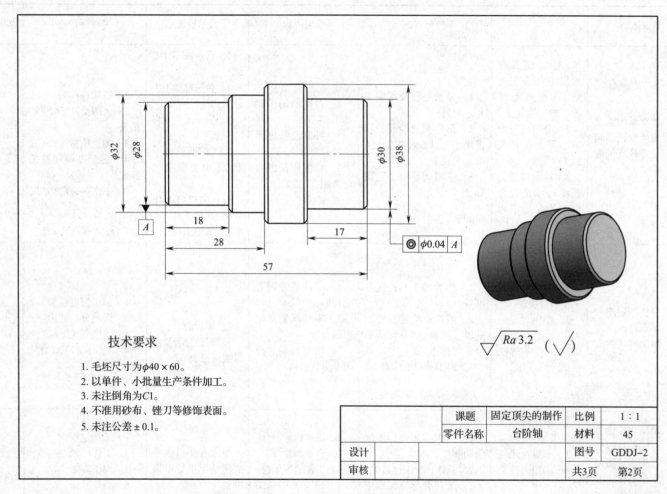

技术要求

1. 毛坯尺寸为$\phi 40 \times 60$。
2. 以单件、小批量生产条件加工。
3. 未注倒角为$C1$。
4. 不准用砂布、锉刀等修饰表面。
5. 未注公差± 0.1。

		课题	固定顶尖的制作	比例	1:1
		零件名称	台阶轴	材料	45
设计				图号	GDDJ–2
审核				共3页	第2页

图 2—2　固定顶尖的制作——台阶轴的手动加工

4. 圆锥特征的加工教学活动

表2—4　　　　　　　　　　　　　任务三　圆锥特征的加工教学活动策划表（图2—3）

教学活动	关键能力	学生学习活动	教师活动	学习内容	教学资源	考核评价点	学时	教学地点
活动一：工作任务及工艺分析	1. 资料查阅、阅读能力 2. 遵守纪律规范的意识 3. 沟通交流能力 4. 逻辑思维能力 5. 空间想象能力	1. 圆锥零件图样识读 2. 查阅教材完成工作页的填写 3. 小组讨论学习	1. 展示圆锥零件实物 2. 组织学生独立完成工作页及分组讨论 3. 布置信息收集任务 4. 讲解圆锥的画法和计算方法	1. 生产任务单的阅读 2. 零件图样、工艺卡的阅读 3. 锥度的车削方法	1. 互联网 2.《车工工艺与技能训练》教材 3.《简明机械手册》（中文版第二版） 4. 国家制图标准 5. 绘图用坐标纸	1. 信息收集 2. 专业术语使用 3. 独立完成工作页及分组讨论学习情况 4. 圆锥的画法和计算方法 5. 尺寸公差的掌握情况	2课时	一体化教室
活动二：技能学习与加工准备	1. 资料查阅能力 2. 协调能力 3. 安全意识 4. 工作统筹能力	1. 圆锥加工的工艺及测量知识 2. 工作页的填写	1. 制作本任务涉及内容的演示视频 2. 圆锥车削的示范操作（教学视频）	1. 游标万能角度尺的使用方法 2. 刀具中心高对圆锥尺寸、外形的影响	1. 圆锥特征加工工艺卡 2. 安全操作规程 3.《简明机械手册》（中文版第二版） 4. C6132A1车床 5. 工具、量具、刀具 6. 辅助工具	1. 工作页完成情况 2. 刀具的刃磨质量 3. 圆锥的检测	2课时	一体化教室、实训车间（活动二与活动三交替进行）

教学活动	关键能力	学生学习活动	教师活动	学习内容	教学资源	考核评价点	学时	教学地点
活动三：零件的加工	1. 独立操作能力 2. 规范意识养成 3. 处理现场问题能力	1. 毛坯接转上个工作任务 2. 检查毛坯的可加工性，分组进行圆锥特征的规范加工 3. 检测圆锥角度是否合格，并在规定时间内完成加工	1. 分发固定顶尖半成品及相应工具、刀具 2. 圆锥车削的示范操作（以6人左右小组形式为宜） 3. 巡回指导和个别指导	1. 台阶轴的自动走刀加工 2. 切削用量的合理选用 3. 圆锥的车削（尺寸测量及控制方法） 4. 游标万能角度尺的使用	1. 圆锥特征加工图纸、加工工艺卡 2. 安全操作规程（7S管理） 3.《简明机械手册》（中文版第二版） 4. C6132A1车床 5. 测量工具 6. 辅助工具	1. 机床操作 2. 使用游标万能角度尺测量锥度的角度和精度 3. 尺寸精度的控制 4. 安全操作规范的养成 5. 工作页的完成情况	25课时	实训车间（活动二与活动三交替进行）
活动四：检验和质量分析	1. 分析问题能力 2. 客观评价能力 3. 解决问题能力	1. 个体尺寸精度的检测 2. 个体外观及其他项目检验 3. 小组讨论误差产生的原因并陈述，思考解决措施 4. 工作页的填写	1. 检验工具、量具的准备 2. 组织小组进行零件误差产生原因的分析与陈述 3. 组织填写工作页	1. 零件尺寸误差的检测 2. 锥体轮廓产生误差原因分析 3. 填写检验、评价、分析表格	1. 精度检验报表 2. 评价表 3. 误差分析及改进措施报表	1. 加工精度检验 2. 误差分析能力 3. 工作态度及客观性 4. 工作页的完成情况	2课时	实训车间
活动五：工作总结与评价	1. 团队协作能力 2. 总结归纳能力 3. 口头表达能力 4. 汇报制作能力 5. 撰写报告能力 6. 客观评价能力	1. 小组展示工作成果 2. 小组互评 3. 小组讨论总结 4. 工作页的填写	1. 组织学生进行展示活动和评价活动 2. 总体评价工作过程 3. 填写教学回顾，进行资料整理	1. 展示物的制作 2. 自评和互评 3. 工作情况汇总 4. 撰写工作总结或者实习心得	根据各小组准备展示情况进行申报准备	1. 工作目标 2. 工作过程 3. 工作结果 4. 加工方法 5. 问题分析 6. 改进措施 7. 工作页的完成情况	2课时	一体化教室

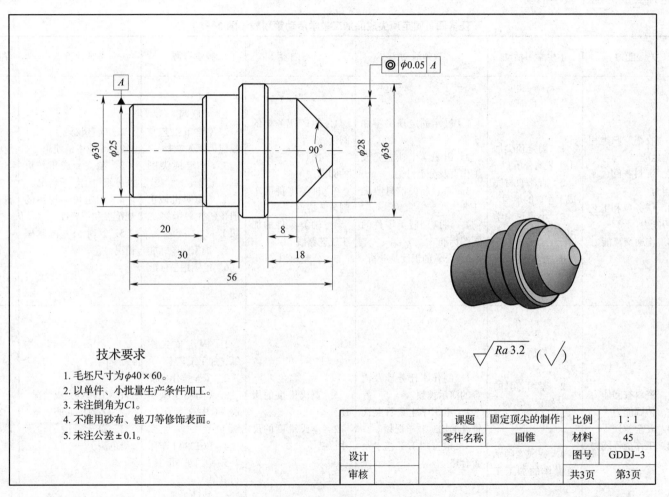

◎ $\phi 0.05$ A

A

$\phi 30$
$\phi 25$
90°
$\phi 28$
$\phi 36$

20
8
30
18
56

$\sqrt{Ra\,3.2}$ ($\sqrt{}$)

技术要求

1. 毛坯尺寸为$\phi 40 \times 60$。
2. 以单件、小批量生产条件加工。
3. 未注倒角为$C1$。
4. 不准用砂布、锉刀等修饰表面。
5. 未注公差± 0.1。

课题	固定顶尖的制作	比例	1:1
零件名称	圆锥	材料	45
设计		图号	GDDJ-3
审核		共3页	第3页

图 2—3　固定顶尖的制作——圆锥

5. 固定顶尖成品加工教学活动

表 2—5　　　　　　　　　　　　　任务四　固定顶尖成品加工教学活动策划表（图 2—1）

教学活动	关键能力	学生学习活动	教师活动	学习内容	教学资源	考核评价点	学时	教学地点
活动一：工作任务及工艺分析	1. 收集、归类相关信息能力 2. 资料查阅、阅读能力 3. 任务单和工艺分析能力 4. 沟通交流能力	1. 固定顶尖加工工艺的分析 2. 查阅教材完成工作页的填写 3. 小组讨论学习	1. 展示固定顶尖零件实物 2. 组织学生独立完成工作页及分组讨论 3. 布置相关信息收集任务 4. 讲解回转类零件的制图标准 5. 公差的识读及分析	1. 生产任务单的阅读 2. 图样、工艺卡的阅读 3. 轴类零件的车削工艺特点 4. 轴类零件的加工工艺路线 5. 公差知识	1. 互联网 2. 《车工工艺与技能训练》教材 3. 固定顶尖图纸、工艺卡 4. 《简明机械手册》（中文版第二版） 5. 国家制图标准 6. 绘图用坐标纸	1. 信息收集 2. 专业术语使用 3. 独立完成工作页及分组讨论学习情况 4. 固定顶尖视图的规范性和正确性 5. 尺寸公差的掌握情况	2课时	一体化教室
活动二：技能学习与加工准备	1. 资料查阅能力 2. 协调能力 3. 安全意识 4. 工作统筹能力	1. 修磨外圆车刀 2. 学习刀具的工艺知识 3. 工作页的填写 4. 完成老师示范操作的加工工艺卡	1. 制作本任务涉及内容的演示视频 2. 组织学生观看莫氏锥度的加工教学视频 3. 检查加工工艺卡是否合格	1. 莫氏锥度的用途 2. 莫氏锥度的尺寸控制	1. 固定顶尖图纸、加工工艺卡 2. 安全操作规程 3. 《简明机械手册》（中文版第二版） 4. C6132A1 车床 5. 工具、量具、刃具 6. 辅助工具	1. 工作页完成情况 2. 刀具的修磨质量 3. 莫氏锥度的检测（研色法）	2课时	一体化教室、实训车间（活动二与活动三交替进行）

续表

教学活动	关键能力	学生学习活动	教师活动	学习内容	教学资源	考核评价点	学时	教学地点
活动三：零件的加工	1. 独立操作能力 2. 规范意识养成 3. 处理现场问题能力	1. 从指定地点领取毛坯及工具、夹具、量具 2. 检查毛坯的可加工性，分组进行固定顶尖零件的规范加工 3. 检测外圆及长度尺寸是否合格，并在规定时间内完成加工	1. 分发固定顶尖毛坯及相应工具、刀具 2. 巡回指导和个别指导	1. 台阶轴的加工 2. 锥度的加工 3. 固定顶尖的成品加工 4. 莫氏锥度的检测 5. 切削用量的合理选用	1. 固定顶尖图纸、加工工艺卡 2. 安全操作规程（7S管理） 3.《简明机械手册》（中文版第二版） 4. C6132A1车床 5. 测量工具 6. 辅助工具	1. 机床操作 2. 外圆及长度精度的测量 3. 固定顶尖加工质量 4. 安全操作规范的养成 5. 工作页的完成情况	25课时	实训车间（活动二与活动三交替进行）
活动四：检验和质量分析	1. 分析问题能力 2. 客观评价能力 3. 解决问题能力	1. 个体尺寸加工精度的检测 2. 个体外观及其他项目检验 3. 小组讨论误差产生的原因，思考解决措施 4. 工作页的填写	1. 检验工具、量具的准备 2. 组织小组进行零件误差产生原因的分析与陈述 3. 组织填写工作页	1. 零件误差产生原因及对策 2. 填写检验、评价、分析表格	1. 精度检验报表 2. 评价表 3. 误差分析及改进措施报表	1. 加工精度检验 2. 误差分析能力 3. 工作态度及客观性 4. 工作页的完成情况	2课时	检验室
活动五：工作总结与评价	1. 团队协作能力 2. 总结归纳能力 3. 口头表达能力 4. 汇报制作能力 5. 撰写报告能力 6. 客观评价能力	1. 小组展示工作成果 2. 小组互评 3. 小组讨论总结 4. 工作页的填写	1. 组织学生进行展示活动和评价活动 2. 总体评价工作过程 3. 填写教学回顾，进行资料整理	1. 展示物的制作 2. 自评和互评 3. 工作情况汇总 4. 撰写工作总结或者实习心得	根据各小组准备展示情况进行申报准备	1. 工作目标 2. 工作过程 3. 工作结果 4. 加工方法 5. 问题分析 6. 改进措施 7. 工作页的完成情况	2课时	一体化教室

课题三　哑铃的制作

（4周，每周 22 课时）

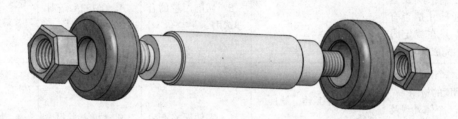

一、哑铃的制作教学任务

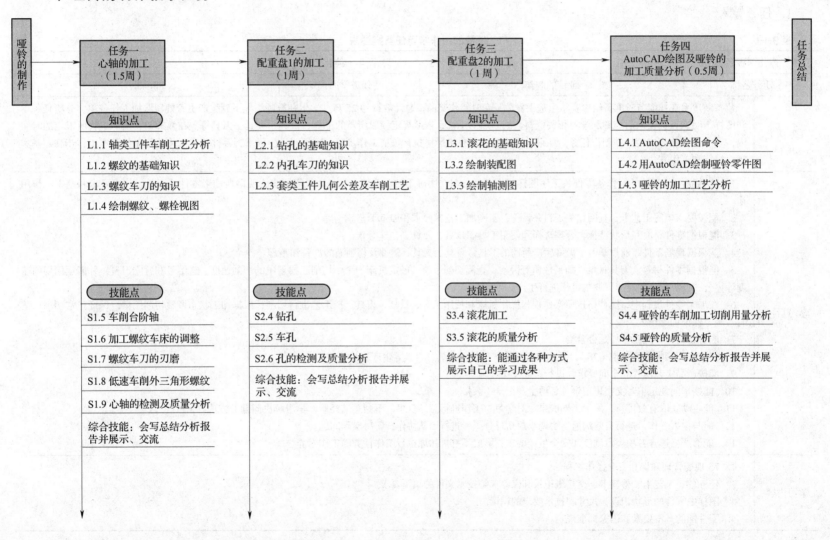

二、哑铃的制作教学活动

1. 任务导入

表 3—1 　　　　　　　　　　　　　　　　哑铃的制作学习任务描述表

一体化课程名称	普车一体化		
任务名称	哑铃的制作	任务学时	88 课时
任务情境	装备制造系在技能节时准备给参赛学生选手发放一套哑铃作奖品，总计数量为 25 套。学生在教师指导下到生产主管处领取加工任务单，分析任务单和图样，明确任务要求后查阅和学习相关资料，编制加工工艺，依照规定领取所需的工具、量具、夹具、刀具等。在教师或者生产主管所审定的时间内，安全规范地完成哑铃的制作任务。如果学生能按教师要求严格执行每个工作步骤，则证明学生已掌握零件普车一体化加工的基本工作步骤、基本操作技能和工作方法。		
学习目标	1. 能独立阅读哑铃的制作各零件、工序图样和生产任务单，明确工时、毛坯、加工数量等要求，明确所加工零件的形状、技术要求和基本工作用途。 2. 能按要求填写工艺卡，查阅相关资料并计算，明确加工技术要求和加工工艺。 3. 能根据零件材料和形状特征，合理选择和使用工具、量具、刀具。 4. 能根据现场条件，通过学习，做好生产所需的工具、量具、夹具、辅件及切削液的准备和整理。 5. 能根据零件材料、刀具材料、加工性质等因素，查阅切削手册，确定机床加工中切削三要素中的切削速度、进给量和背吃刀量，并能运用切削速度计算公式计算相应的转速，调整机床进行生产。 6. 在加工零件过程中，能严格按照操作规程操作机床和使用工具、量具、刀具，按工艺进行切削；根据加工状态调整切削用量，保证正常切削；适时检测，保证加工精度。 7. 能进行自检，判断零件是否合格。 8. 能按车间现场管理规定（7S），正确放置零件、工具、量具、刀具等生产物品。 9. 能按产品工艺流程和车间要求，进行产品交接并确认。 10. 能按车间规定填写交接班记录等各项生产记录（表格）。 11. 能主动获取有效信息，展示工作成果，对学习与工作进行总结反思，不断总结经验，学习解决问题的方法。 12. 能与他人合作，进行有效沟通，协调小组角色分工，进行团队协作，解决实际问题。 13. 能够严格遵守各项规章制度和安全生产要求，形成不打折扣地执行工作任务的工作素养。		
学习内容	1. 7S 现场管理知识和安全操作规程。 2. 任务单、工艺卡、检验卡、交接班记录和保养卡等技术文件的填写要求。 3. 图样中零件的形状识读，尺寸和技术要求的识读。 4. 零件图的基本要素和国家标准规定。		

续表

一体化课程名称		普车一体化	
任务名称	哑铃的制作	任务学时	88 课时

学习内容	5. 螺纹环规和内径千分尺（或内径百分表）的正确使用。 6. 普通车床加工内孔、外螺纹的相关知识。 7. 零件的质量分析及改进措施。 8. 制图的有关知识。 9. 使用 AutoCAD 绘制哑铃零件图。 10. 哑铃的综合加工。		
教学建议	设施设备（以 25 人班级为例）： 1. 普通车床：10 ~ 12 台 2. 工具车：10 ~ 15 台。 3. 砂轮机：3 ~ 5 台。 4. 电教设备：1 套。 5. 移动白板：1 块。 6. 计算机 25 台。		车间要求： 1. 一体化教室：100 m^2，配电满足教学需要，环保符合国家标准要求。 2. 普通车床实训车间：200 m^2，配电满足教学需要，环保符合国家标准要求。

教学建议	教学组织形式建议： 1. 教师组织学生穿戴好工作服、胸卡集合，进行安全教育后方可进入实习车间学习。 2. 根据任务活动环节和作业分工，教师安排学生交叉进行作业（刃磨内孔、螺纹车刀和机床操作），及时抓住学习任务中的难点、要点进行指导，做好分组示范操作和讲解（5 ~ 6 人为一组），并要求学生做好示范操作步骤记录，让学生写出详细加工步骤方可操作机床和加工。 3. 以情景模拟的形式，教师安排学生扮演角色，从材料仓库领取材料、切削液。 4. 以情景模拟的形式，教师安排学生扮演角色，从工具仓库领取工具、量具、夹具、刀具并交付及归还等。 5. 学生要学会对自己的工件进行客观的自评。 6. 教师组织学生以小组或个人形式，向全班展示、汇报学习成果。
	教学注意要点： 1. 本任务不需要每人或每个小组都采用同样的加工工艺，在保证加工安全的前提下，可以自由编写自己的加工工艺。 2. 各小组成员需独立完成自己的学习任务，而不是以小组为单位，避免小组内仅有几位同学参与。 3. 全班同学轮流与他人合作组成小组（不是固定的学习小组），有更多的机会与他人合作，培养学生团队合作能力。 4. 学生填好工艺卡并经老师检查合格后方可操作机床加工。 5. 合理安排好各项任务加工使用的设备及时间。

2. 心轴的加工教学活动

表 3—2　　　　　　　　　　　　　　　任务一　心轴的加工教学活动策划表（图 3—1）

教学活动	关键能力	学生学习活动	教师活动	学习内容	教学资源	考核评价点	学时	教学地点
活动一：工作任务及工艺分析	1. 收集、归类相关信息的能力 2. 资料查阅、阅读能力 3. 任务单和工艺分析能力 4. 沟通交流能力	1. 轴类工件车削工艺分析 2. 查阅教材完成工作页的填写 3. 小组讨论学习	1. 展示心轴零件实物 2. 布置心轴加工相关信息收集任务 3. 轴类零件的制图标准 4. 尺寸公差的识读及分析 5. 组织学生独立完成工作页及分组讨论	1. 生产任务单的阅读 2. 图样、工艺卡的阅读 3. 轴类零件车削工艺分析	1. 互联网 2.《车工工艺与技能训练》教材 3. 心轴图纸、工艺卡 4.《简明机械手册》（中文版第二版） 5. 国家制图标准 6. 绘图用坐标纸	1. 信息收集能力 2. 轴类工件车削工艺分析 3. 独立完成工作页及分组讨论学习情况	4课时	一体化教室
活动二：技能学习与加工准备	1. 资料查阅能力 2. 协调能力 3. 安全意识 4. 工作统筹能力	1. 学习刃磨外螺纹车刀 2. 学习绘制螺纹、螺栓视图 3. 学习螺纹的基础知识 4. 工作页的填写 5. 在老师参与小组讨论情况下填写好加工工艺卡	1. 组织学生观看螺纹车刀刃磨示范（以6人左右小组形式为宜） 2. 参与小组讨论并确定加工工艺 3. 检查加工工艺卡是否合格	1. 螺纹车刀的几何形状、刃磨、安装和使用方法 2. 螺纹环规的结构和测量方法 3. 加工螺纹车床的调整 4. 低速车削外三角螺纹的方法	1. 心轴图纸、加工工艺卡 2.《简明机械手册》（中文版第二版） 3. C6132A1车床 4. 工具、量具、刀具 5. 辅助工具	1. 工作页的完成情况 2. 刀具的刃磨方法 3. 刀具的刃磨质量 4. 视图的规范性 5. 尺寸公差的掌握情况	4课时	一体化教室、实训车间（活动二与活动三交替进行）

续表

教学活动	关键能力	学生学习活动	教师活动	学习内容	教学资源	考核评价点	学时	教学地点
活动三：零件的加工	1. 独立操作能力 2. 规范意识养成 3. 处理现场问题能力	1. 从指定地点领取毛坯及工具、夹具、量具 2. 检查毛坯的可加工性，分组进行心轴零件的规范加工	1. 分发心轴毛坯及相应工具、刀具 2. 装夹外螺纹车刀和车外螺纹的示范操作（以小组形式） 3. 巡回指导和个别指导	1. 心轴的加工 2. 螺纹环规的使用和识读 3. 低速车削外三角螺纹 4. 切削用量的合理选用	1. 心轴图纸、加工工艺卡 2. 安全操作规程（7S 管理） 3.《简明机械手册》（中文版第二版） 4. C6132A1 车床 5. 测量工具 6. 辅助工具	1. 机床操作 2. 心轴的加工质量 3. 安全操作规范的养成 4. 工作页的完成情况	21课时	实训车间（活动二与活动三交替进行）
活动四：检验和质量分析	分析问题能力	1. 小组讨论误差产生的原因并陈述 2. 尺寸精度的检测 3. 评价表及工作页的填写	组织小组进行心轴零件误差产生原因的分析与陈述	1. 心轴零件尺寸的检测 2. 心轴零件误差产生的原因 3. 填写检验、评价、分析表格	1. 心轴零件尺寸误差分析报告 2. 精度检验报告	1. 误差的分析方法 2. 陈述的内容 3. 工作页的完成情况	2课时	一体化教室、实训车间
活动五：工作总结与评价	1. 团队协作能力 2. 总结归纳能力 3. 口头表达能力 4. 汇报制作能力 5. 撰写报告能力 6. 客观评价能力	1. 小组或个人展示工作成果 2. 小组讨论总结 3. 工作页的填写	1. 组织学生进行展示活动和评价活动 2. 总体评价工作过程 3. 填写教学回顾，进行资料整理	1. 展示物的制作 2. 自评和老师点评 3. 工作情况汇总 4. 撰写工作总结或者实习心得	根据各小组准备展示情况进行申报准备	1. 工作目标 2. 工作过程 3. 工作结果 4. 问题分析及改进措施 5. 工作页的完成情况	2课时	一体化教室

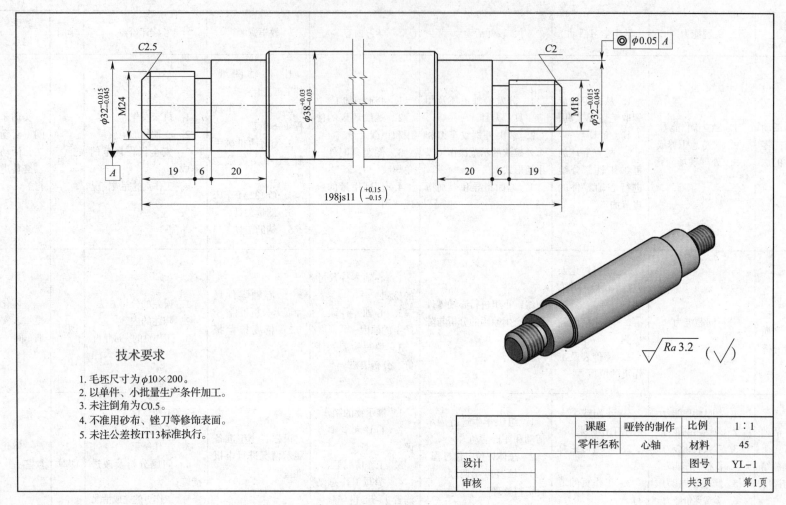

技术要求

1. 毛坯尺寸为 $\phi10\times200$。
2. 以单件、小批量生产条件加工。
3. 未注倒角为 $C0.5$。
4. 不准用砂布、锉刀等修饰表面。
5. 未注公差按IT13标准执行。

课题	哑铃的制作	比例	1∶1
零件名称	心轴	材料	45
设计		图号	YL-1
审核		共3页	第1页

图 3—1　哑铃的制作——心轴

3. 配重盘 1 的加工教学活动

表 3—3　　　　　　　　　　　　　　任务二　配重盘 1 的加工教学活动策划表（图 3—2）

教学活动	关键能力	学生学习活动	教师活动	学习内容	教学资源	考核评价点	学时	教学地点
活动一：工作任务及工艺分析	1. 收集、归类相关信息的能力 2. 资料查阅、阅读能力 3. 任务单和工艺分析能力 4. 沟通交流能力	1. 配重盘 1 加工工艺分析 2. 查阅教材完成工作页的填写 3. 小组讨论学习	1. 展示配重盘 1 零件实物 2. 布置信息收集任务 3. 组织学生独立完成工作页及分组讨论 4. 套类零件的制图标准 5. 尺寸公差的识读及分析	1. 生产任务单的阅读 2. 图样、工艺卡的阅读 3. 套类工件几何公差及车削工艺 4. 套类零件图的绘制	1. 互联网 2.《车工工艺与技能训练》教材 3. 配重盘 1 图纸、工艺卡 4.《简明机械手册》（中文版第二版） 5. 国家制图标准 6. 绘图用坐标纸	1. 信息收集 2. 专业术语使用 3. 独立完成工作页及分组讨论学习情况 4. 视图的规范性和正确性	4 课时	一体化教室
活动二：技能学习与加工准备	1. 资料查阅能力 2. 协调能力 3. 安全意识 4. 工作统筹能力	1. 学习刃磨内孔车刀 2. 学习刀具的相关知识 3. 工作页的填写 4. 在老师参与小组讨论情况下填写好加工工艺卡	1. 组织学生观看内孔刀具的刃磨示范（以 6 人左右小组形式为宜） 2. 参与小组讨论并确定加工工艺 3. 检查加工工艺卡是否合格	1. 内孔车刀的几何形状、刃磨、安装和使用方法 2. 内径千分尺（或内径百分表）的结构和测量方法 3. 钻孔的基础知识 4. 加工内孔的相关知识	1. 配重盘 1 图纸、加工工艺卡 2.《简明机械手册》（中文版第二版） 3. C6132A1 车床 4. 工具、量具、刀具 5. 辅助工具	1. 工作页的完成情况 2. 内孔车刀的刃磨方法 3. 内孔车刀的刃磨质量	2 课时	一体化教室、实训车间（活动二与活动三交替进行）
活动三：零件的加工	1. 独立操作能力 2. 规范意识养成	1. 从指定地点领取毛坯及工具、夹具、量具	1. 分发配重盘 1 毛坯及相应工具、刀具	1. 套类（内孔）的加工 2. 配重盘 1 成品加工	1. 配重盘 1 图纸 2. 配重盘 1 加工工艺卡	1. 机床操作 2. 内孔的测量 3. 配重盘 1 加工质量	12 课时	实训车间（活动二与活动三交替进行）

续表

教学活动	关键能力	学生学习活动	教师活动	学习内容	教学资源	考核评价点	学时	教学地点
活动三：零件的加工	3. 处理现场问题能力	2. 检查毛坯的可加工性，分组进行配重盘1零件的规范加工 3. 检测内孔尺寸是否合格，并在规定时间内完成加工	2. 车削内孔的示范操作（以小组形式） 3. 巡回指导和个别指导	3. 内径千分尺（或内径百分表）的使用和识读 4. 内孔加工尺寸的控制方法 5. 切削用量的合理选用	3. 安全操作规程（7S 管理） 4.《简明机械手册》（中文版第二版） 5. C6132A1 车床 6. 测量工具 7. 辅助工具	4. 安全操作规范的养成 5. 工作页的完成情况	12课时	实训车间（活动二与活动三交替执行）
活动四：检验和质量分析	分析问题能力	1. 尺寸精度的检测 2. 小组讨论误差产生的原因并陈述 3. 评价表及工作页的填写	组织小组进行哑铃零件误差产生原因的分析与陈述	1. 配重盘1零件尺寸的检测 2. 配重盘1零件误差产生原因 3. 填写检验、评价、分析表格	1. 尺寸误差分析报告 2. 精度检验报告	1. 误差的分析方法 2. 陈述的内容 3. 工作页的完成情况	2课时	一体化教室、实训车间
活动五：工作总结与评价	1. 团队协作能力 2. 总结归纳能力 3. 口头表达能力 4. 汇报制作能力 5. 撰写报告能力 6. 客观评价能力	1. 小组或个人展示工作成果 2. 小组讨论总结 3. 工作页的填写	1. 组织学生进行展示活动和评价活动 2. 总体评价工作过程 3. 填写教学回顾，进行资料整理	1. 展示物的制作 2. 自评和老师点评 3. 工作情况汇总 4. 撰写工作总结或者实习心得	根据各小组准备展示情况进行申报准备	1. 工作目标 2. 工作过程 3. 工作结果 4. 问题分析及改进措施 5. 工作页的完成情况	2课时	一体化教室

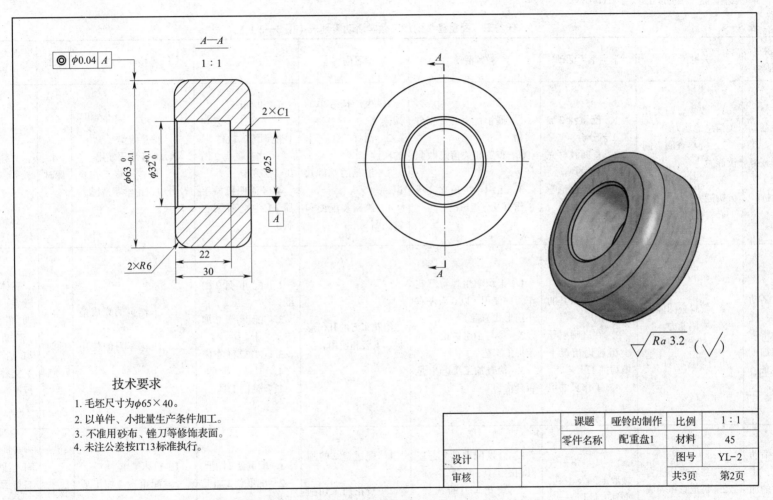

技术要求

1. 毛坯尺寸为$\phi 65 \times 40$。
2. 以单件、小批量生产条件加工。
3. 不准用砂布、锉刀等修饰表面。
4. 未注公差按IT13标准执行。

	课题	哑铃的制作	比例	1：1
	零件名称	配重盘1	材料	45
设计			图号	YL–2
审核			共3页	第2页

图 3—2 哑铃的制作——配重盘 1

4. 配重盘2的加工教学活动

表 3—4 　　　　　　　　　　　　　　　　　任务三　　配重盘2的加工教学活动策划表（图3—3）

教学活动	关键能力	学生学习活动	教师活动	学习内容	教学资源	考核评价点	学时	教学地点
活动一：工作任务及工艺分析	1. 收集、归类相关信息的能力 2. 资料查阅、阅读能力 3. 任务单和工艺分析能力 4. 沟通交流能力	1. 配重盘2加工工艺分析 2. 查阅教材完成工作页的填写 3. 小组讨论学习	1. 展示配重盘2零件实物 2. 布置相关信息收集任务 3. 组织学生独立完成工作页及分组讨论	1. 生产任务单的阅读 2. 图样、工艺卡的阅读 3. 滚花的基础知识 4. 绘制装配图和轴测图	1. 互联网 2. 《车工工艺与技能训练》教材 3. 配重盘2图纸、工艺卡 4. 《简明机械手册》（中文版第二版）	1. 信息收集 2. 专业术语使用 3. 独立完成工作页及分组讨论学习情况	4课时	一体化教室
活动二：技能学习与加工准备	1. 资料查阅能力 2. 协调能力 3. 安全意识 4. 工作统筹能力	1. 学习滚花车刀的使用 2. 学习刀具的相关知识 3. 在老师引导小组讨论情况下填写加工工艺卡 4. 工作页的填写	1. 组织学生观看滚花车刀的使用（以6人左右小组形式为宜） 2. 参与小组讨论并确定加工工艺 3. 检查加工工艺卡是否合格	滚花车刀的几何形状、安装和使用方法	1. 配重盘2图纸 2. 配重盘2加工工艺卡 3. C6132A1车床 4. 工具、量具、刀具及辅助工具	1. 工作页的完成情况 2. 滚花车刀的使用方法	2课时	一体化教室、实训车间（活动二与活动三交替进行）
活动三：零件的加工	1. 独立操作能力 2. 规范意识养成	1. 从指定地点领取毛坯及工具、夹具、量具 2. 滚花车刀的选择、安装和加工的示范讲解	1. 分发配重盘2毛坯及相应工具、刀具 2. 滚花车刀的选择、安装和加工的示范讲解	1. 配重盘2的加工 2. 滚花加工切削用量的合理选用	1. 配重盘2图纸 2. 配重盘2加工工艺卡	1. 机床操作 2. 配重盘2加工质量	12课时	实训车间（活动二与活动三交替进行）

续表

教学活动	关键能力	学生学习活动	教师活动	学习内容	教学资源	考核评价点	学时	教学地点
活动三：零件的加工	3. 处理现场问题能力	2. 检查毛坯的可加工性，分组进行零件的规范加工 3. 检测尺寸是否合格，并在规定时间内完成加工任务	3. 巡回指导和个别指导	3. 滚花质量的控制方法	3. 安全操作规程（7S 管理） 4.《简明机械手册》（中文版第二版） 5. C6132A1 车床 6. 测量工具 7. 辅助工具	3. 安全操作规范的养成 4. 工作页的完成情况	12课时	实训车间（活动二与活动三交替进行）
活动四：检验和质量分析	分析问题能力	1. 小组讨论误差产生的原因 2. 尺寸精度的检测 3. 评价表及工作页的填写	组织小组进行配重盘2误差产生原因的分析与陈述	1. 滚花误差产生的原因 2. 填写检验、评价、分析表格	1. 尺寸误差分析报告 2. 评价表 3. 精度检验报告	1. 误差的分析方法 2. 工作页的完成情况	2课时	一体化教室、实训车间
活动五：工作总结与评价	1. 团队协作能力 2. 总结归纳能力 3. 口头表达能力 4. 汇报制作能力 5. 撰写报告能力 6. 客观评价能力	1. 小组或个人展示工作成果 2. 小组讨论总结 3. 工作页的填写	1. 组织学生进行展示活动和评价活动 2. 总体评价工作过程 3. 填写教学回顾，进行资料整理	1. 展示物的制作 2. 自评和老师点评 3. 工作情况汇总 4. 撰写工作总结或者实习心得	根据各小组准备展示情况进行申报准备	1. 工作目标 2. 工作过程 3. 工作结果 4. 问题分析及改进措施 5. 工作页的完成情况	2课时	一体化教室

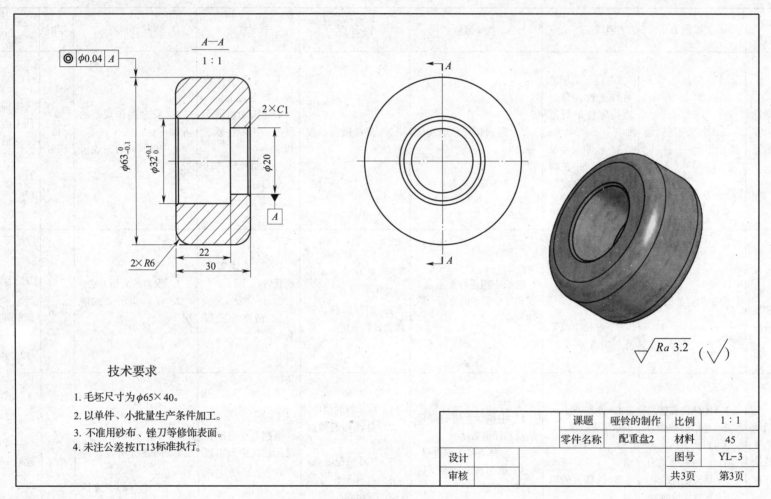

技术要求

1. 毛坯尺寸为φ65×40。

2. 以单件、小批量生产条件加工。

3. 不准用砂布、锉刀等修饰表面。

4. 未注公差按IT13标准执行。

课题	哑铃的制作	比例	1：1
零件名称	配重盘2	材料	45
设计		图号	YL-3
审核		共3页	第3页

图3—3 哑铃的制作——配重盘2

5. AutoCAD 绘图及哑铃的加工质量分析教学活动

表 3—5　　　　　　　任务四　AutoCAD 绘图及哑铃的加工质量分析教学活动策划表（图 3—1 ~ 图 3—3）

教学活动	关键能力	学生学习活动	教师活动	学习内容	教学资源	考核评价点	学时	教学地点
活动一：工作任务及工艺分析	1. 收集、归类相关信息的能力 2. 资料查阅、阅读能力 3. 沟通交流能力	1. 哑铃的加工工艺分析 2. 查阅教材完成工作页的填写 3. 小组讨论学习	1. 展示哑铃零件实物 2. 布置 CAD 绘图的相关信息收集任务 3. 组织学生独立完成工作页及分组讨论	1. AutoCAD 绘图命令 （1）新建图层 / 设置线型 （2）图层的设置 / 线的画法 （3）绘制图幅及标题栏 / 编辑 2. 用 AutoCAD 绘制哑铃零件图 3. 哑铃装配工艺分析	1. 互联网 2.《AutoCAD 绘图》教材 3. 计算机绘图软件	1. 信息收集 2. 哑铃加工工艺分析 3. 独立完成绘图任务及分组讨论学习情况	2课时	一体化教室
活动二：技能学习与准备	1. 资料查阅能力 2. 协调能力 3. 安全意识 4. 工作统筹能力	1. 学习 AutoCAD 绘图软件 2. 在老师参与小组讨论情况下写好加工工艺卡 3. 工作页的填写	1. 组织学生观看 AutoCAD 绘图步骤 2. 参与小组讨论并确定绘图步骤	1. 常用计算机绘图软件 2. 常见的几种 CAD 软件特点 3. AutoCAD 软件基本操作	1. 哑铃的零件图纸 2. AutoCAD 绘图软件 3.《AutoCAD 绘图》教材	1. 工作页（绘制二维工程图）的完成情况 2. 综合分析哑铃加工的方法 / 步骤、质量、预防措施	1课时	一体化教室、实训车间
活动三：零件图的绘制	1. 独立操作能力 2. 规范意识养成	用 AutoCAD 软件绘制哑铃的工程图，并在规定时间内完成	1. 绘图示范操作 2. 巡回指导和个别指导	1. AutoCAD 软件绘图格式的设置 2. AutoCAD 软件二维图绘制方法	1. 哑铃的零件图纸 2. 计算机绘图软件 3.《AutoCAD 绘图》教材	1. AutoCAD 绘制哑铃零件图 （1）零件图 （2）尺寸标注 2. 图幅及标题栏 / 编辑	6课时	实训车间

续表

教学活动	关键能力	学生学习活动	教师活动	学习内容	教学资源	考核评价点	学时	教学地点
活动四：检验和质量分析	分析问题能力	1. 小组讨论误差产生的原因并陈述 2. 尺寸精度的检测 3. 评价表及工作页的填写	1. 组织小组进行哑铃综合件绘图思路的分析与陈述 2. 组织小组进行哑铃综合件加工误差产生原因的分析与陈述	1. 工程图绘制的分析 2. 误差产生的原因	1. 误差分析报告 2. 精度检验报告	1. 误差的分析方法 2. 工作页的完成情况	1课时	一体化教室、实训车间
活动五：工作总结与评价	1. 团队协作能力 2. 总结归纳能力 3. 口头表达能力 4. 汇报制作能力 5. 客观评价能力	1. 小组或个人展示工作成果 2. 小组讨论总结	1. 组织学生展示活动和评价活动 2. 总体评价工作过程 3. 填写教学回顾，进行资料整理	1. 展示物的制作 2. 自评和老师点评 3. 工作情况汇总 4. 撰写工作总结或者实习心得	根据各小组准备展示情况进行申报准备	1. 问题分析及改进措施 2. 工作页的完成情况	1课时	一体化教室

数控车一体化

课题四 过桥滑动轴的制作

（8 周，每周 14 课时）

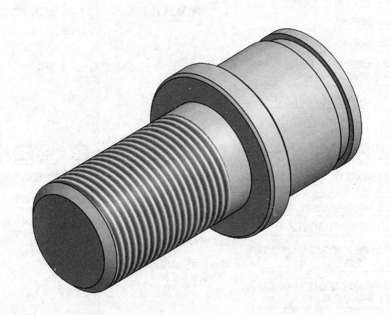

一、过桥滑动轴制作教学任务

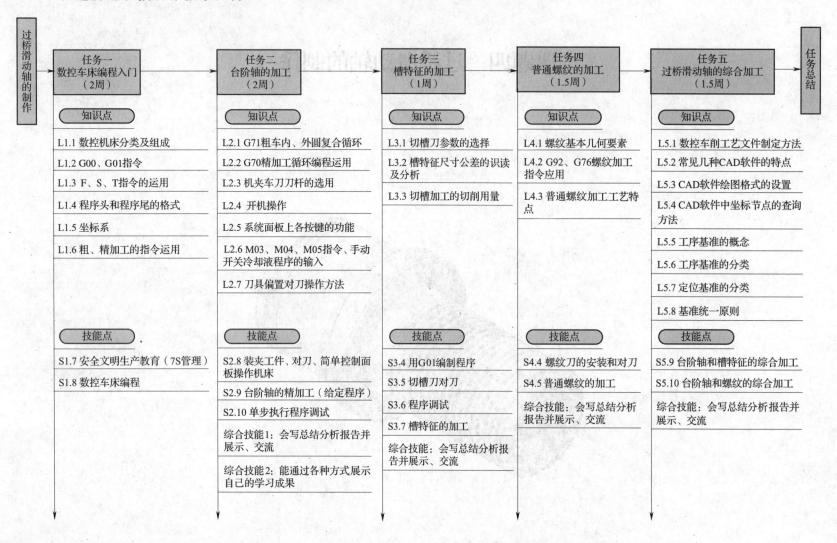

二、过桥滑动轴的制作教学活动

1. 任务导入

表 4—1 过桥滑动轴的制作学习任务描述

一体化课程名称	数控车一体化		
任务名称	过桥滑动轴的制作	任务学时	112 课时
任务情境	某公司委托我校加工一批过桥滑动轴零件，总计数量为 25 件。学生在教师指导下到生产主管处领取加工任务单，分析任务单和图样，明确任务要求后查阅和学习相关资料，编制加工工艺，依照规定领取所需的工具、量具、夹具、刀具等。在教师或者生产主管所审定的时间内，安全规范地完成过桥滑动轴的制作任务。如果学生能按教师要求严格执行每个工作步骤，则证明学生已掌握零件机械加工的基本工作步骤、基本操作技能和工作方法。		
学习目标	1. 能独立阅读过桥滑动轴的制作各零件、工序图样和生产任务单，明确工时、毛坯、加工数量等要求，明确所加工零件的形状，加技术要求和基本工作用途。 2. 能按要求编写加工程序，查阅相关资料并计算，明确加工技术要求和加工工艺。 3. 能根据零件材料和形状特征，合理选择和使用工具、量具、刀具。 4. 能根据现场条件，通过学习，做好生产所需的工具、量具、夹具、辅件及切削液的准备和整理。 5. 能根据零件材料、刀具材料、加工性质等因素，查阅切削手册，独立编写加工程序，调整机床进行生产。 6. 在加工零件过程中，能严格按照操作规程操作数控车床和使用工具、量具、刀具，按工艺进行切削；根据切削状态调整切削用量，保证正常切削；适时检测，保证加工精度。 7. 能进行自检，判断零件是否合格。 8. 能按车间现场管理规定（7S）正确放置零件、工具、量具、刀具等生产物品。 9. 能按产品工艺流程和车间要求，进行产品交接并确认。 10. 能按车间规定填写交接班记录等各项生产记录（表格）。 11. 能主动获取有效信息，展示工作成果，对学习与工作进行总结反思，不断总结经验，学习解决问题的方法。 12. 能与他人合作，进行有效沟通，协调小组角色分工，进行团队协作，解决实际问题。 13. 能够严格遵守各项规章制度和安全生产要求，形成不打折扣地执行工作任务的工作素养。		
学习内容	1. 7S 现场管理知识和安全操作规程。 2. 任务单、工艺卡、检验卡、交接班记录和保养卡等技术文件的填写要求。 3. 图样中零件的形状识读，尺寸和所需技术要求的识读。 4. 零件图的基本要素和国家标准规定。		

续表

一体化课程名称	数控车一体化		
任务名称	过桥滑动轴的制作	任务学时	112 课时

| 学习内容 | 5. 零件图样的识读与分析技术。
6. 零件的加工工艺分析与工艺路线的制定。
7. 数控车床的主要技术参数、功能与加工范围等。
8. 数控车床的基本操作方法。
9. 数控车床坐标系及工件坐标系的建立。
10. 数控车床的对刀与零件的装夹、找正方法。
11. 数控车床的维护保养方法。
12. 零件加工的质量分析方法及改进措施。
13. 用 AutoCAD 绘制过桥滑动零件图。
14. 过桥滑动轴加工。 | | |

| | 设施设备（以 25 人班级为例）：
数控车床：10 ~ 12 台（配置比为 1:2）。 | 车间要求：
1. 一体化教室：100 m², 配电满足教学需要，环保符合国家标准要求。
2. 数控车床实训车间：200 m², 配电满足教学需要，环保符合国家标准要求。 |

| 教学建议 | 教学组织形式建议：
1. 教师组织学生穿戴好工作服、胸卡集合，进行安全教育后方可进入实习车间学习。
2. 教学中应当首先强化数控车床安全操作方面的内容。
3. 建议对机床坐标系建立、对刀等进行单项技能训练。
4. 教学实施过程中要注重机床操作的规范性。
5. 建议设计具有实际使用价值的工件，激发学生的学习兴趣。
6. 根据任务活动环节和作业分工，安排学生交叉进行作业，及时抓住学习任务中的难点、要点进行指导，做好分组示范操作和讲解（5 ~ 6 人为一组），并要求学生做好示范操作步骤记录，让学生写出详细加工步骤方可操作机床和加工。
7. 以情景模拟的形式，教师安排学生扮演角色，从材料仓库领取材料、切削液。
8. 以情景模拟的形式，教师安排学生扮演角色，从工具仓库领取工具、量具、夹具、刀具并交付及归还等。
9. 学生要学会对自己的工件进行客观的自评。
10. 教师组织学生以小组或个人形式，向全班展示、汇报学习成果。 | | |

续表

一体化课程名称		数控车一体化	
任务名称	过桥滑动轴的制作	任务学时	112 课时
教学建议	教学注意要点： 1. 本任务不需要每人或每个小组都采用同样的加工工艺，在保证加工安全的前提下，可以自由编写自己的加工工艺。 2. 各小组成员需独立完成自己的学习任务，而不是以小组为单位，避免小组内仅有几位同学参与。 3. 全班同学轮流与他人合作组成小组（不是固定的学习小组），有更多的机会与他人合作，培养学生团队合作能力。 4. 学生填好工艺卡并经老师检查合格后方可操作机床加工。 5. 各项任务完成时间和机床的合理安排。		

2. 数控车床编程入门教学活动

表 4—2　　　　　　　　　　　　任务一　数控车床编程入门教学活动策划表（图 4—1）

教学活动	关键能力	学生学习活动	教师活动	学习内容	教学资源	考核评价点	学时	教学地点
活动一：工作任务及工艺分析	1. 收集、归类相关信息的能力 2. 资料查阅、阅读能力 3. 任务单分析和编程能力 4. 小组成员的沟通交流能力	1. 查阅教材完成工作页的填写 2. 小组讨论学习	1. 展示过桥滑动轴类零件实物 2. 组织学生分组 3. 进行安全教育和 7S 管理（数控车床）说明 4. 布置过桥滑动轴零件编程相关信息收集任务 5. 引导学生制订计划，完成工作页填写	1. 生产任务单的阅读 2. 图样的识读及编程指令的理解 3. 编程方法，包括刀具路径的确定方法、节点计算方法、编程指令的选用 4. 数控车床的分类和组成	1. 互联网 2.《数控工艺编程与操作》教材 3. 过桥滑动轴零件的图纸、工艺卡 4. 国家制图标准 5. 绘图用坐标纸	1. 信息收集 2. 专业术语使用 3. 小组团队合作情况	2 课时	一体化教室

续表

教学活动	关键能力	学生学习活动	教师活动	学习内容	教学资源	考核评价点	学时	教学地点
活动二：程序编制知识学习	1. 资料查阅能力 2. 协调能力 3. 安全意识 4. 工作统筹能力	1. 学习常用的编程指令和格式 2. 正确使用 G00、G01 和 F、S、T 指令	1. 组织学生观看过桥滑动轴零件的加工操作过程（教学视频） 2. 参与小组讨论并引导学生查阅教材，学习常用编程指令和程序格式	1. G00、G01 指令 2. F、S、T 指令的运用 3. 程序头和程序尾的格式 4. 坐标系、粗加工、精加工指令的运用	1. 过桥滑动轴零件图纸 2.《数控工艺编程与操作》教材 3. 数控车床	程序的编制知识（包括刀具路径的确定、节点计算、编程指令选用）	8课时	一体化教室、实训车间
活动三：编写加工程序	1. 独立操作能力 2. 规范意识养成 3. 处理现场问题能力	1. 在老师参与小组讨论情况下，编写台阶轴零件加工程序 2. 编程工作页的填写	1. 根据工作页要求，完成相关工作页的习题（查阅教材） 2. 引导学生学习 G00、G01 等常用指令的格式及含义 3. 辅导学生完成台阶轴零件的加工程序	1. 工件坐标系及其建立方法 2. G00、G01 等常用指令 3. 台阶轴零件的加工程序	1. 台阶轴零件加工工艺卡 2. 安全操作规程（7S 管理） 3.《简明机械手册》（中文版第二版）	1. 数控编程的规范性和合理性 2. 独立完成工作页及分组讨论学习情况	10课时	实训车间
活动四：数控加工程序分析	分析问题能力	1. 小组讨论并陈述程序编写的格式由来 2. 评价表及工作页的填写	1. 老师组织各小组互检 2. 要求各小组分析编程存在的不足之处并陈述	1. 小组互检数控加工程序的格式是否规范 2. 程序参数是否合理	1. 台阶轴零件数控加工程序 2. 程序检查报告	1. 数控编程的正确率 2. 工作页的完成情况	4课时	一体化教室
活动五：工作总结与评价	1. 团队协作能力 2. 总结归纳能力 3. 口头表达能力 4. 汇报制作能力 5. 撰写报告能力 6. 客观评价能力	1. 小组或个人展示工作成果 2. 小组讨论总结 3. 工作页的填写	1. 组织学生进行展示活动和评价活动 2. 总体评价工作过程 3. 填写教学回顾，进行资料整理	1. 展示各小组编制的程序 2. 自评和老师点评 3. 工作情况汇总 4. 撰写工作总结或者实习心得	根据各小组准备展示情况进行申报准备	1. 工作目标 2. 工作过程 3. 工作结果 4. 问题分析及改进措施 5. 工作页完成	4课时	一体化教室

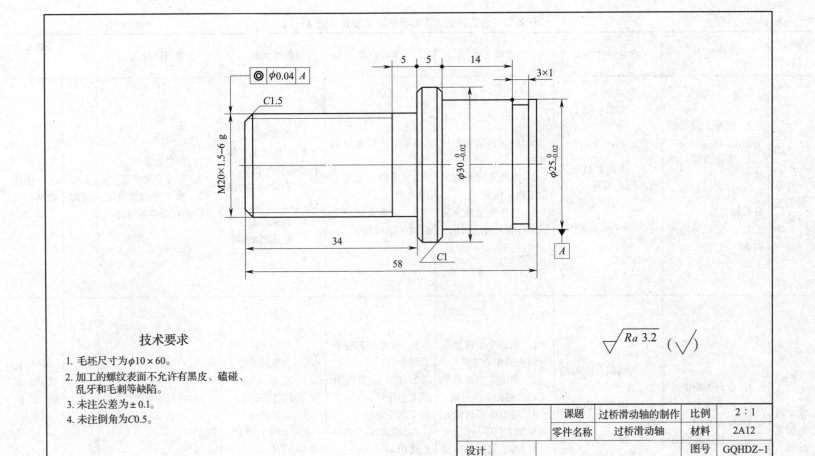

技术要求

1. 毛坯尺寸为 $\phi 10 \times 60$。
2. 加工的螺纹表面不允许有黑皮、磕碰、乱牙和毛刺等缺陷。
3. 未注公差为 ±0.1。
4. 未注倒角为C0.5。

课题	过桥滑动轴的制作	比例	2∶1
零件名称	过桥滑动轴	材料	2A12
设计		图号	GQHDZ–1
审核		共4页	第1页

图 4—1 过桥滑动轴的制作——数控车床编程

3. 台阶轴的加工教学活动

表 4—3　　　　　　　　　　　　　任务二　台阶轴的加工教学活动策划表（图 4—2）

教学活动	关键能力	学生学习活动	教师活动	学习内容	教学资源	考核评价点	学时	教学地点
活动一：工作任务及工艺分析	1. 收集、归类相关信息能力 2. 资料查阅、阅读能力 3. 任务单和工艺分析能力 4. 小组成员的沟通表达能力	1. 查阅教材完成工作页的填写 2. 小组讨论学习	1. 展示台阶轴零件实物 2. 布置台阶轴相关信息收集任务 3. 组织学生独立完成工作页及分组讨论	1. 生产任务单的阅读 2. 图样、工艺卡的阅读 3. 安全文明生产教育（7S 管理）	1. 互联网 2.《数控工艺编程与操作》教材 3. 台阶轴零件图纸、工艺卡 4. 国家制图标准 5. 绘图用坐标纸	1. 信息收集 2. 专业术语使用 3. 独立完成工作页及分组讨论学习情况	4 课时	一体化教室
活动二：技能学习与加工准备	1. 资料查阅能力 2. 协调能力 3. 安全意识 4. 工作统筹能力	1. 编制台阶轴的加工程序 2. 编程工作页的填写 3. 加工程序和加工工艺卡的填写	1. 组织学生自主学习编程的相关知识 2. 组织学生观看加工台阶轴的操作示范 3. 参与小组讨论并确定加工程序 4. 讲解数控车床操作规程及维护保养内容	1. 轴类工艺分析及编程知识 2. G71 粗车内外圆复合循环，G70 精加工循环编程 3. 机夹车刀刀杆的选用 4. 数控车床操作规程及维护保养内容	1. 台阶轴图纸 2. 台阶轴加工程序及工艺卡 3. 数控车床 4. 工具、量具、刀具 5. 辅助工具	1. 编写的加工程序 2. 工作页的完成情况	4 课时	一体化教室、实训车间（活动二与活动三交替进行）

续表

教学活动	关键能力	学生学习活动	教师活动	学习内容	教学资源	考核评价点	学时	教学地点
活动三：零件的加工	1. 独立操作能力 2. 规范意识养成 3. 处理现场问题能力	1. 从指定地点领取毛坯及工具、夹具、量具 2. 检查毛坯的可加工性，分组进行台阶轴（各工序）的编程和加工 3. 检测外圆及长度尺寸是否合格，并在规定时间内完成加工	1. 分发台阶轴毛坯及相应工具、刀具 2. 程序输入及对刀的示范操作（以6人左右小组形式为宜） 3. 巡回指导和个别指导	1. 刀具的选择方法 2. 工件装夹和找正方法 3. 数控车床的对刀方法 4. 工件坐标系的建立 5. 数控车床的规范操作方法 6. 程序的输入（手工录入）	1. 台阶轴图纸 2. 台阶轴加工工艺卡 3. 安全操作规程（7S管理） 4.《简明机械手册》（中文版第二版） 5. 数控车床 6. 测量工具 7. 辅助工具	1. 机床操作 2. 外圆及长度精度的检测 3. 台阶轴加工质量 4. 安全操作规范的养成 5. 工作页的完成情况	16课时	实训车间（活动二与活动三交替进行）
活动四：检验和质量分析	分析问题能力	1. 尺寸精度的检测 2. 小组讨论误差产生的原因并陈述 3. 评价表及工作页的填写	组织小组进行台阶轴零件误差产生原因的分析与陈述	1. 台阶轴零件尺寸的检测 2. 台阶轴零件误差产生的原因 3. 填写检验、评价、分析表格	1. 尺寸误差分析报告 2. 评价表 3. 精度检验报告	1. 误差的分析方法 2. 陈述的内容 3. 工作页的完成情况	2课时	一体化教室
活动五：工作总结与评价	1. 团队协作能力 2. 总结归纳能力 3. 口头表达能力 4. 汇报制作能力 5. 撰写报告能力 6. 客观评价能力	1. 小组或个人展示工作成果 2. 小组讨论总结 3. 工作页的填写	1. 组织学生进行展示活动和评价活动 2. 总体评价工作过程 3. 填写教学回顾，进行资料整理	1. 展示物的制作 2. 自评和老师点评 3. 工作情况汇总 4. 撰写工作总结或者实习心得	根据各小组准备展示情况进行申报准备	1. 工作目标 2. 工作过程 3. 工作结果 4. 问题分析及改进措施 5. 工作页完成情况	2课时	一体化教室

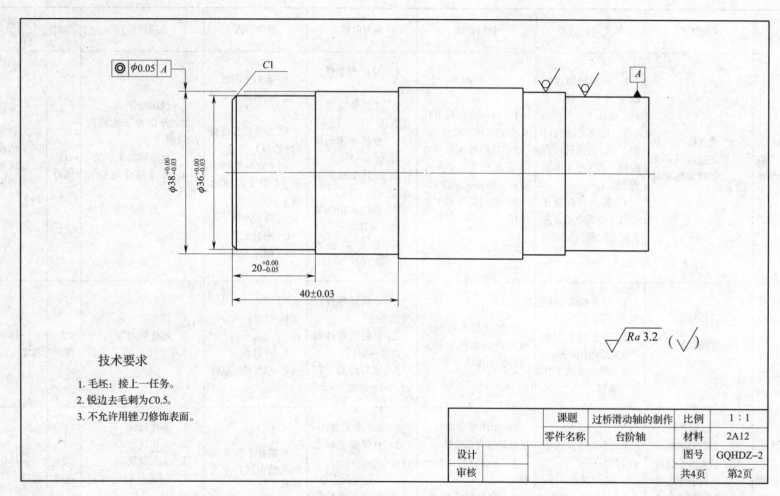

技术要求

1. 毛坯：接上一任务。
2. 锐边去毛刺为C0.5。
3. 不允许用锉刀修饰表面。

	课题	过桥滑动轴的制作	比例	1：1
	零件名称	台阶轴	材料	2A12
设计			图号	GQHDZ-2
审核			共4页	第2页

图4—2 过桥滑动轴的制作——台阶轴

4. 槽特征的加工教学活动

表 4—4　　　　　　　　　　　任务三　槽特征的加工教学活动策划表（图 4—3）

教学活动	关键能力	学生学习活动	教师活动	学习内容	教学资源	考核评价点	学时	教学地点
活动一：工作任务及工艺分析	1. 收集、归类相关信息的能力 2. 资料查阅、阅读能力 3. 任务单和工艺分析能力 4. 沟通交流能力	1. 查阅教材完成工作页的填写 2. 小组讨论学习	1. 展示过桥滑动轴零件实物 2. 布置相关信息收集任务 3. 组织学生独立完成工作页及分组讨论 4. 槽特征尺寸公差的识读及分析	1. 生产任务单的阅读 2. 图样、工艺卡的阅读 3. 安全文明生产教育（7S 管理） 4. 槽特征尺寸公差的识读及分析 5. 数控车床操作规程及维护保养	1. 互联网 2.《数控工艺编程与操作》教材 3. 过桥滑动轴图纸、工艺卡 4. 国家制图标准 5. 绘图用坐标纸	1. 信息收集 2. 专业术语使用 3. 独立完成工作页及分组讨论学习情况	2课时	一体化教室
活动二：技能学习与加工准备	1. 资料查阅能力 2. 协调能力 3. 安全意识 4. 工作统筹能力	1. 学习编制槽特征加工的程序 2. 编程工作页的填写 3. 加工程序和加工工艺卡的填写	1. 组织学生观看切槽的加工视频（教学视频） 2. 参与小组讨论并确定加工程序 3. 检查加工程序是否合格	1. 车槽刀参数的选择 2. 用 G01 编制程序加工槽 3. 槽加工切削用量的选择	1. 过桥滑动轴图纸 2. 过桥滑动轴加工工艺卡 3. 数控车床 4. 工具、量具、刀具 5. 辅助工具	1. 选择机夹车槽刀具的方法 2. 正确使用量具测量槽的尺寸 3. 工作页的完成情况	2课时	一体化教室、实训车间（活动二与活动三交替进行）
活动三：零件的加工	1. 独立操作能力	1. 从指定地点领取毛坯接转上个工作任务及工具、夹具、量具	1. 分发槽特征的加工轴类零件及相应工具、刀具	1. 刀具的选择方法 2. 工件装夹和找正方法	1. 过桥滑动轴零件图纸 2. 过桥滑动轴加工工艺卡 3.《简明机械手册》（中文版第二版）	1. 机床操作 2. 槽深及槽宽精度的检测	6课时	实训车间（活动二与活动三交替进行）

续表

教学活动	关键能力	学生学习活动	教师活动	学习内容	教学资源	考核评价点	学时	教学地点
活动三：零件的加工	2. 规范意识养成 3. 处理现场问题能力	2. 检查毛坯的可加工性，分组进行槽特征的加工 3. 检测槽深及宽度尺寸是否合格，并在规定时间内完成加工	2. 车槽对刀和加工操作示范 3. 巡回指导和个别指导	3. 车槽刀的对刀 4. 槽特征的加工工艺和切削用量的选择	4. 数控车床 5. 测量工具 6. 辅助工具	3. 零件加工质量 4. 安全操作规范的养成 5. 工作页的完成情况	6课时	实训车间（活动二与活动三交替进行）
活动四：检验和质量分析	分析问题能力	1. 槽尺寸精度的检测 2. 小组讨论误差产生的原因并陈述 3. 评价表及工作页的填写	组织各小组进行零件误差产生原因的分析与陈述	1. 槽特征的加工尺寸的检测 2. 零件误差产生原因 3. 填写检验、评价、分析表格	1. 误差分析报告 2. 评价表 3. 精度检验报告	1. 误差分析方法 2. 陈述的内容 3. 工作页的完成情况	2课时	一体化教室
活动五：工作总结与评价	1. 团队协作能力 2. 总结归纳能力 3. 口头表达能力 4. 汇报制作能力 5. 撰写报告能力 6. 客观评价能力	1. 小组或个人展示工作成果 2. 小组讨论总结 3. 工作页的填写	1. 组织学生进行展示活动和评价活动 2. 总体评价工作过程 3. 填写教学回顾，进行资料整理	1. 展示物的制作 2. 自评和老师点评 3. 工作情况汇总 4. 撰写工作总结或者实习心得	根据各小组准备展示情况进行申报准备	1. 工作目标 2. 工作过程 3. 工作结果 4. 问题分析及改进措施 5. 工作页完成情况	2课时	一体化教室

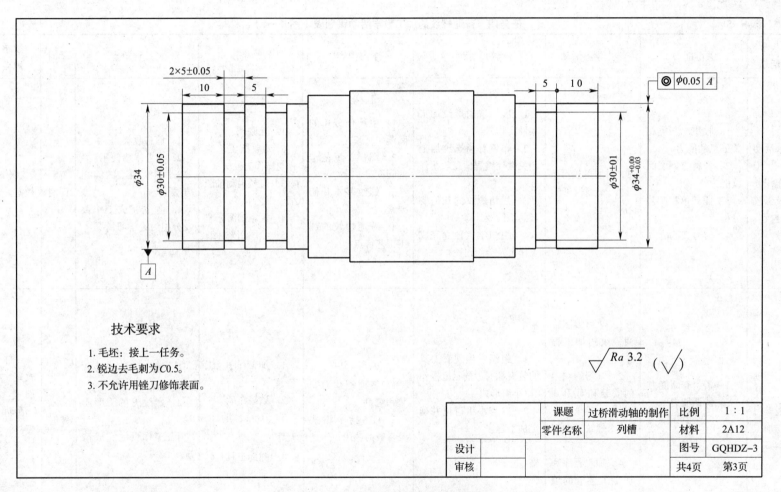

技术要求

1. 毛坯：接上一任务。
2. 锐边去毛刺为C0.5。
3. 不允许用锉刀修饰表面。

$\sqrt{Ra\,3.2}\,\left(\sqrt{}\right)$

		课题	过桥滑动轴的制作	比例	1：1
		零件名称	列槽	材料	2A12
设计				图号	GQHDZ–3
审核				共4页	第3页

图 4—3　过桥滑动轴的制作——列槽

5. 普通螺纹的加工教学活动

表4—5　　　　　　　　　　任务四　普通螺纹的加工教学活动策划表（图4—4）

教学活动	关键能力	学生学习活动	教师活动	学习内容	教学资源	考核评价点	学时	教学地点
活动一：工作任务及工艺分析	1. 收集、归类相关信息的能力 2. 资料查阅、阅读能力 3. 任务单和工艺分析能力 4. 沟通交流能力	1. 查阅教材完成工作页的填写 2. 小组讨论学习	1. 展示普通螺纹加工零件实物 2. 布置普通螺纹加工相关数控编程信息收集任务 3. 三角螺纹的几何要素的识读及计算 4. 组织学生独立完成工作页及分组讨论	1. 生产任务单的阅读 2. 图样、工艺卡的阅读 3. 螺纹基本几何要素 4. 普通螺纹的加工工艺特点	1. 互联网 2. 《数控工艺编程与操作》教材 3. 过桥滑动轴图纸、工艺卡 4. 国家制图标准 5. 绘图用坐标纸	1. 信息收集 2. 专业术语使用 3. 螺纹加工的编程方法 4. 独立完成工作页及分组讨论学习情况	4课时	一体化教室
活动二：技能学习与加工准备	1. 资料查阅能力 2. 协调能力 3. 安全意识 4. 工作统筹能力	1. 学习编制普通螺纹的加工程序 2. 学习螺纹刀的安装和对刀知识 3. 螺纹刀的刃磨 4. 加工程序和加工工艺卡的填写	1. 组织学生观看刀具的装夹和对刀的示范操作（以小组形式） 2. 参与小组讨论并确定加工程序 3. 检查工程序是否合格	1. 普通螺纹刀安装和对刀 2. G76指令格式及参数的选用	1. 加工程序及工艺卡 2. 数控车床 3. 工具、量具、刀具 4. 辅助工具	1. 螺纹刀的刃磨方法和规范性 2. 螺纹刀的刃磨质量 3. 工作页的完成情况	4课时	一体化教室、实训车间（活动二与活动三交替进行）

续表

教学活动	关键能力	学生学习活动	教师活动	学习内容	教学资源	考核评价点	学时	教学地点
活动三：零件的加工	1. 独立操作能力 2. 规范意识养成 3. 处理现场问题能力	1. 从指定地点领取毛坯（接转上个工作任务）及工具、夹具、量具 2. 检查毛坯的可加工性，分组进行零件的加工 3. 用螺纹环规检测螺纹尺寸是否合格，在规定时间内完成加工	1. 分发普通螺纹加工毛坯及相应工具、刀具 2. 程序输入、对刀及加工的示范操作（以6人左右小组形式为宜） 3. 巡回指导和个别指导	1. 三角螺纹刀对刀方法 2. 数控车床的规范操作方法 3. 普通螺纹的加工	1. 普通螺纹加工图纸 2. 普通螺纹加工工艺卡 3. 安全操作规程（7S管理） 4.《简明机械手册》（中文版第二版） 5. 三角螺纹测量工具 6. 辅助工具	1. 机床操作 2. 三角螺纹精度的检验 3. 普通螺纹加工 4. 安全操作规范的养成 5. 工作页的完成情况	9课时	实训车间（活动二与活动三交替进行）
活动四：检验和质量分析	分析问题能力	1. 尺寸精度的检测 2. 小组讨论误差产生的原因并陈述 3. 评价表及工作页的填写	组织各小组进行加工误差产生原因的分析与陈述	1. 普通螺纹尺寸的检测 2. 普通螺纹的误差产生原因 3. 填写检验、评价、分析表格	1. 误差分析报告 2. 评价表 3. 精度检验报告	1. 误差分析方法 2. 陈述的内容 3. 工作页的完成情况	2课时	一体化教室
活动五：工作总结与评价	1. 团队协作能力 2. 总结归纳能力 3. 口头表达能力 4. 汇报制作能力 5. 撰写报告能力 6. 客观评价能力	1. 小组或个人展示工作成果 2. 小组讨论总结 3. 工作页的填写	1. 组织学生进行展示活动和评价活动 2. 总体评价工作过程 3. 填写教学回顾，进行资料整理	1. 展示物的制作 2. 自评和老师点评 3. 工作情况汇总 4. 撰写工作总结或者实习心得	根据各小组准备展示情况进行申报准备	1. 工作目标 2. 工作过程 3. 工作结果 4. 问题分析及改进措施 5. 工作页完成情况	2课时	一体化教室

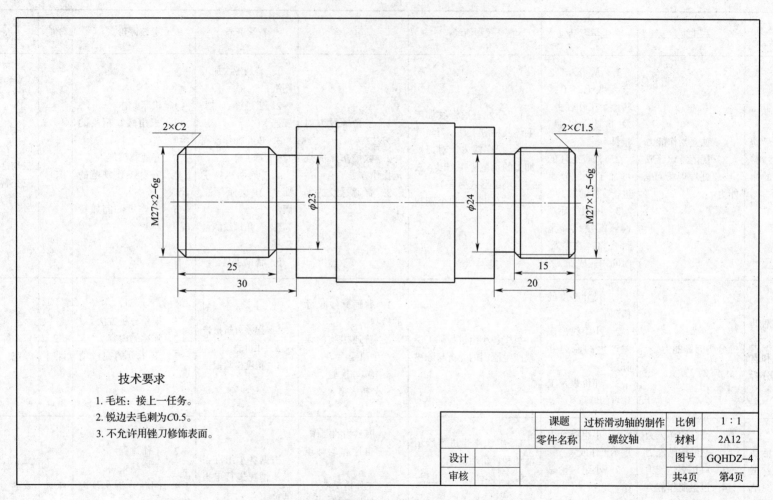

技术要求

1. 毛坯：接上一任务。
2. 锐边去毛刺为C0.5。
3. 不允许用锉刀修饰表面。

课题	过桥滑动轴的制作	比例	1：1
零件名称	螺纹轴	材料	2A12
设计		图号	GQHDZ-4
审核		共4页	第4页

图4—4　过桥滑动轴的制作——普通三角螺纹

6. 过桥滑动轴的综合加工教学活动

表4—6　　　　　　　　　　　　　　任务五　过桥滑动轴的综合加工教学活动策划表（图4—1）

教学活动	关键能力	学生学习活动	教师活动	学习内容	教学资源	考核评价点	学时	教学地点
活动一：工作任务及工艺分析	1. 收集、归类相关信息的能力 2. 资料查阅、阅读能力 3. 任务单和工艺分析能力 4. 沟通交流能力	1. 查阅教材完成工作页的填写 2. 小组讨论学习	1. 展示过桥滑动轴的加工零件实物 2. 布置相关信息收集任务 3. 组织学生独立完成工作页及分组讨论	1. 生产任务单的阅读 2. 图样、工艺卡的阅读 3. 工序基准的概念 4. 工艺基准的分类 5. 定位基准的分类 6. 基准统一原则 7. 数控车削工艺文件的制定	1. 互联网 2.《数控工艺编程与操作》教材 3. 过桥滑动轴图纸、工艺卡 4. 国家制图标准 5. 绘图用坐标纸	1. 信息收集 2. 专业术语使用 3. 编程方法 4. 独立完成工作页及分组讨论学习情况（关于基准的知识点）	2课时	一体化教室
活动二：技能学习与加工准备	1. 资料查阅能力 2. 协调能力 3. 安全意识 4. 工作统筹能力	1. 学习编制过桥滑动轴的加工程序 2. 编程工作页的填写 3. 加工程序和加工工艺卡的填写	1. 参与小组讨论并确定加工程序 2. 检查加工程序是否合格	1. 轴类零件工艺分析及编程知识 2. 台阶轴、槽特征及螺纹的综合加工	1. 过桥滑动轴图纸 2. 过桥滑动轴加工工艺卡 3. 数控车床 4. 工具、量具和刀具 5. 辅助工具	1. 工艺路线选择是否合理 2. 工作页的完成情况	2课时	一体化教室、实训车间（活动二与活动三交替进行）
活动三：零件的加工	1. 独立操作能力	1. 从指定地点领取毛坯（接转上个工作任务）及工具、夹具、量具	1. 分发过桥滑动轴的加工毛坯及相应工具、刀具	1. 刀具的选择方法 2. 工件装夹和找正方法	1. 过桥滑动轴零件图纸 2. 过桥滑动轴加工工艺卡 3.《简明机械手册》（中文版第二版）	1. 机床操作 2. 过桥滑动轴的加工质量	13课时	实训车间（活动二与活动三交替进行）

续表

教学活动	关键能力	学生学习活动	教师活动	学习内容	教学资源	考核评价点	学时	教学地点
活动三：零件的加工	2. 规范意识养成 3. 处理现场问题能力	2. 检查毛坯的可加工性，分组进行零件的编程和加工	2. 程序输入、对刀及加工的示范操作 3. 巡回指导和个别指导	3. 数控车床的规范操作方法 4. 切削用量的选择 5. 正确使用量具检测	4. 测量工具 5. 辅助工具	3. 安全操作规范的养成 4. 工作页的完成情况	13课时	实训车间（活动二与活动三交替进行）
活动四：检验和质量分析	分析问题能力	1. 尺寸精度、几何精度的检测 2. 小组讨论误差产生的原因并陈述 3. 评价表及工作页的填写	组织小组进行过桥滑动轴零件误差产生原因的分析与陈述	1. 过桥滑动轴尺寸的检测 2. 过桥滑动轴的加工零件误差产生原因 3. 填写检验、评价、分析表格	1. 误差分析报告 2. 评价表 3. 精度检验报告	1. 误差分析方法 2. 陈述的内容 3. 工作页的完成情况	2课时	一体化教室
活动五：工作总结与评价	1. 团队协作能力 2. 总结归纳能力 3. 口头表达能力 4. 汇报制作能力 5. 撰写报告能力 6. 客观评价能力	1. 小组或个人展示工作成果 2. 小组讨论总结 3. 工作页的填写	1. 组织学生进行展示活动和评价活动 2. 总体评价工作过程 3. 填写教学回顾，进行资料整理	1. 展示物的制作 2. 自评和老师点评 3. 工作情况汇总 4. 撰写工作总结或者实习心得	根据各小组准备展示情况进行申报准备	1. 工作目标 2. 工作过程 3. 工作结果 4. 问题分析及改进措施 5. 工作页完成情况	2课时	一体化教室

课题五　小钢炮的制作

（7 周，每周 14 课时）

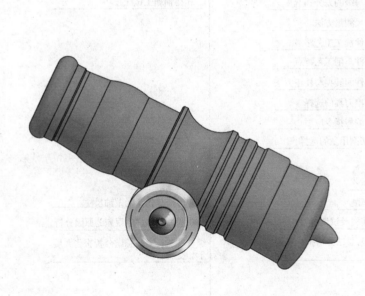
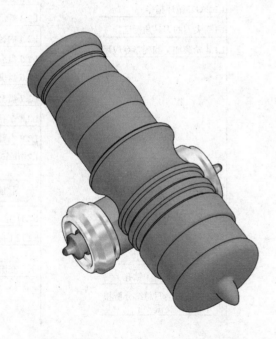

一、小钢炮制作的教学任务

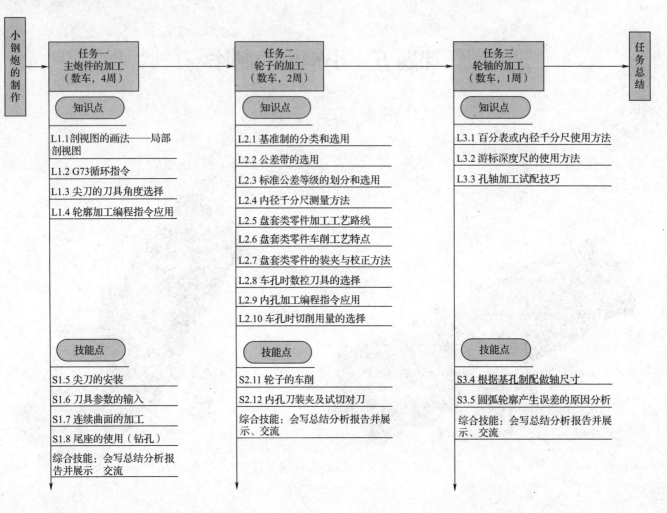

小钢炮的制作

任务一
主炮件的加工
（数车，4周）

知识点

L1.1 剖视图的画法——局部剖视图

L1.2 G73循环指令

L1.3 尖刀的刀具角度选择

L1.4 轮廓加工编程指令应用

技能点

S1.5 尖刀的安装

S1.6 刀具参数的输入

S1.7 连续曲面的加工

S1.8 尾座的使用（钻孔）

综合技能：会写总结分析报告并展示 交流

任务二
轮子的加工
（数车，2周）

知识点

L2.1 基准制的分类和选用

L2.2 公差带的选用

L2.3 标准公差等级的划分和选用

L2.4 内径千分尺测量方法

L2.5 盘套类零件加工工艺路线

L2.6 盘套类零件车削工艺特点

L2.7 盘套类零件的装夹与校正方法

L2.8 车孔时数控刀具的选择

L2.9 内孔加工编程指令应用

L2.10 车孔时切削用量的选择

技能点

S2.11 轮子的车削

S2.12 内孔刀装夹及试切对刀

综合技能：会写总结分析报告并展示、交流

任务三
轮轴的加工
（数车，1周）

知识点

L3.1 百分表或内径千分尺使用方法

L3.2 游标深度尺的使用方法

L3.3 孔轴加工试配技巧

技能点

S3.4 根据基孔制配做轴尺寸

S3.5 圆弧轮廓产生误差的原因分析

综合技能：会写总结分析报告并展示、交流

任务总结

二、小钢炮的制作教学活动

1. 任务导入

表 5—1   小钢炮的制作学习任务描述

一体化课程名称	数控车一体化		
任务名称	小钢炮的制作	任务学时	98 课时
任务情境	某公司委托我校加工一批小钢炮组合件，总计数量为 25 套。学生在教师指导下到生产主管处领取加工任务单，分析任务单和图样，明确任务要求后查阅和学习相关资料，编制加工工艺，依照规定领取所需的工具、量具、夹具、刀具等。在教师或者生产主管所审定的时间内，安全规范地完成小钢炮的制作任务。如果学生能按教师要求严格执行每个工作步骤，则证明学生已掌握零件数车一体化加工的基本工作步骤、基本操作技能和工作方法。		
学习目标	1. 能独立阅读小钢炮的制作各零件、工序图样和生产任务单，明确工时、毛坯、加工数量等要求，明确所加工零件的形状、加技术要求和基本工作用途。 2. 能按要求编写加工程序，查阅相关资料并计算，明确加工技术要求和加工工艺。 3. 根据零件材料和形状特征，合理选择和使用工具、量具、刀具。 4. 能根据现场条件，通过学习，做好生产所需的工具、量具、夹具、辅件及切削液的准备和整理。 5. 能根据零件材料、刀具材料、加工性质等因素，查阅切削手册，独立编写加工程序，调整机床进行生产。 6. 在加工零件过程中，能严格按照操作规程操作数控车床和使用工具、量具、刀具，按工艺进行切削；根据切削状态调整切削用量，保证正常切削；适时检测，保证加工精度。 7. 能进行自检，判断零件是否合格。 8. 能按车间现场管理规定（7S）正确放置零件、工具、量具、刀具等生产物品。 9. 能按产品工艺流程和车间要求，进行产品交接并确认。 10. 能按车间规定填写交接班记录等各项生产记录（表格）。 11. 能主动获取有效信息，展示工作成果，对学习与工作进行总结反思，不断积累经验，学习解决问题的方法。 12. 能与他人合作，进行有效沟通，协调小组角色分工，进行团队协作，解决实际问题。 13. 能够严格遵守各项规章制度和安全生产要求，形成不打折扣地执行工作任务的工作素养。		
学习内容	1. 7S 现场管理知识及数控车床安全操作规程。 2. 任务单、工艺卡、检验卡、交接班记录和保养卡等技术文件的填写要求。 3. 图样中零件的形状识读，尺寸和所需技术要求的识读。 4. 数控车床内孔及圆弧面的编程加工方法。 5. 制图相关知识、AutoCAD 绘制小钢炮零件图及小钢炮的组合件加工。 6. 数控车削程序的模拟、检查与优化。		

一体化课程名称		数控车一体化	
任务名称	小钢炮的制作	任务学时	98 课时

学习内容	7. 数控车床常见报警的解除方法。 8. 零件尺寸精度的控制方法。 9. 常用量具（千分尺、百分表等）的使用及保养方法。 10. 组合零件加工的质量分析方法及改进措施。
教学建议	设施设备（以 25 人班级为例）： 数控车床：10 ~ 12 台（配置比为 1:2）。 车间要求： 1. 一体化教室：100 m²，配电满足教学需要，环保符合国家标准要求。 2. 数控车床实训车间：200 m²，配电满足教学需要，环保符合国家标准要求。 教学组织形式建议： 1. 教师组织学生穿戴好工作服、胸卡集合，进行安全教育后方可进入实习车间学习。 2. 人均操作机床时间应不少于总学时的 50%。 3. 根据学习任务活动环节和作业分工，安排学生交叉进行作业，及时抓住学习任务中的难点、要点进行指导，做好分组示范操作和讲解（5 ~ 6 人为一组）。 4. 以情景模拟的形式，教师安排学生扮演角色，从材料仓库领取材料、切削液。 5. 以情景模拟的形式，教师安排学生扮演角色，从工具仓库领取工具、量具、夹具、刀具并交付及归还等。 6. 学生要学会对自己的工件进行客观的自评。 7. 教师组织学生以小组或个人形式，向全班展示、汇报学习成果。 教学注意要点： 1. 本任务不需要每人或每个小组都采用同样的加工工艺，在保证加工安全的前提下，可以自由编写自己的加工工艺。 2. 各小组成员需独立完成自己的学习任务，而不是以小组为单位，避免小组内仅有几位同学参与。 3. 全班同学轮流与他人合作组成小组（不是固定的学习小组），有更多的机会与他人合作，培养学生团队合作能力。 4. 学生填好工艺卡并经老师检查合格后方可操作机床加工。 5. 教学中首先要强化数控车床安全操作方面的内容。 6. 建议对机床坐标系建立、对刀等进行单项技能训练。 7. 教学实施过程中要注重机床操作的规范性。 8. 建议设计具有实际使用价值的工件，激发学生的学习兴趣。 9. 各项任务完成时间和机床的合理安排。

2. 主炮件的加工教学活动

表5—2　　　　　　　　　　　　　任务一　主炮件的加工教学活动策划表（图5—1）

教学活动	关键能力	学生学习活动	教师活动	学习内容	教学资源	考核评价点	学时	教学地点
活动一：工作任务及工艺分析	1. 收集、归类相关信息的能力 2. 资料查阅、阅读能力 3. 任务单和工艺分析能力 4. 沟通交流能力	1. 查阅教材完成工作页的填写 2. 小组讨论学习	1. 展示小钢炮的组合件零件实物 2. 布置相关信息收集任务 3. 讲解轴套类零件的制图标准 4. 尺寸公差的识读及分析 5. 组织学生独立完成工作页及分组讨论	1. 生产任务单的阅读 2. 图样的识读与分析技术 3. 编程方法 4. 零件的加工工艺分析与工艺路线的制定 5. 尖刀的刀具角度选择	1. 互联网 2.《数控工艺编程与操作》教材 3. 小钢炮的组合件图纸、工艺卡 4. 国家制图标准 5. 绘图用坐标纸	1. 信息收集 2. 专业术语使用 3. 编程方法 4. 独立完成工作页及分组讨论学习情况	4课时	一体化教室
活动二：技能学习与加工准备	1. 资料查阅能力 2. 协调能力 3. 安全意识 4. 工作统筹能力	1. 学习编制主炮件的加工程序 2. 学会尾座的使用及连续曲面加工切削用量的确定 3. 加工程序和加工工艺卡的填写	1. 参与小组讨论并确定加工程序 2. 检查加工程序是否合格	1. 剖视的画法——局部剖视图 2. G73循环指令及运用 3. 编制主炮件的加工程序	1. 主炮件图纸 2. 加工工艺卡 3. 数控车床 4. 工具、量具、刀具 5. 辅助工具	1. 工作页的完成情况（剖视的画法） 2. 刀具型号的正确选择 3. 切削用量的正确选择	4课时	一体化教室、实训车间（活动二与活动三交替进行）

教学活动	关键能力	学生学习活动	教师活动	学习内容	教学资源	考核评价点	学时	教学地点
活动三：零件的加工	1. 独立操作能力 2. 规范意识养成 3. 处理现场问题能力	1. 从指定地点领取毛坯及工具、夹具、量具 2. 检查毛坯的可加工性，分组进行主炮件的编程并加工 3. 检测外尺寸是否合格，并在规定时间内完成加工	1. 分发主炮件毛坯及相应工具、刀具 2. 检查程序是否正确 3. 巡回指导和个别指导	1. 尖刀的安装（机夹刀） 2. 连续曲面加工的方法 3. 尾座的使用（钻孔） 4. 钻孔的切削用量的掌握	1. 小钢炮的图纸、加工工艺卡 2. 安全操作规程（7S管理） 3.《简明机械手册》（中文版第二版） 4. 数控车床 5. 测量工具 6. 辅助工具	1. 机床操作 2. 钻孔技能的掌握 3. 主炮件零件加工质量 4. 安全操作规范的养成 5. 工作页的完成情况	40课时	实训车间（活动二与活动三交替进行）
活动四：检验和质量分析	分析问题能力	1. 尺寸精度的检测 2. 小组讨论误差产生的原因并陈述 3. 评价表及工作页的填写	组织小组进行主炮件零件误差产生原因的分析与陈述	1. 主炮件零件尺寸的检测 2. 主炮件零件误差产生原因 3. 填写检验、评价、分析表格	1. 误差分析报告 2. 评价表 3. 精度检验报告	1. 误差分析方法 2. 陈述的内容 3. 工作页的完成情况	4课时	一体化教室
活动五：工作总结与评价	1. 团队协作能力 2. 总结归纳能力 3. 口头表达能力 4. 汇报制作能力 5. 撰写报告能力 6. 客观评价能力	1. 小组或个人展示工作成果 2. 小组讨论总结 3. 工作页的填写	1. 组织学生进行展示活动和评价活动 2. 总体评价工作过程 3. 填写教学回顾，进行资料整理	1. 展示物的制作 2. 自评和老师点评 3. 工作情况汇总 4. 撰写工作总结或者实习心得	根据各小组准备展示情况进行申报准备	1. 工作目标 2. 工作过程 3. 工作结果 4. 问题分析及改进措施 5. 工作页的完成情况	4课时	一体化教室

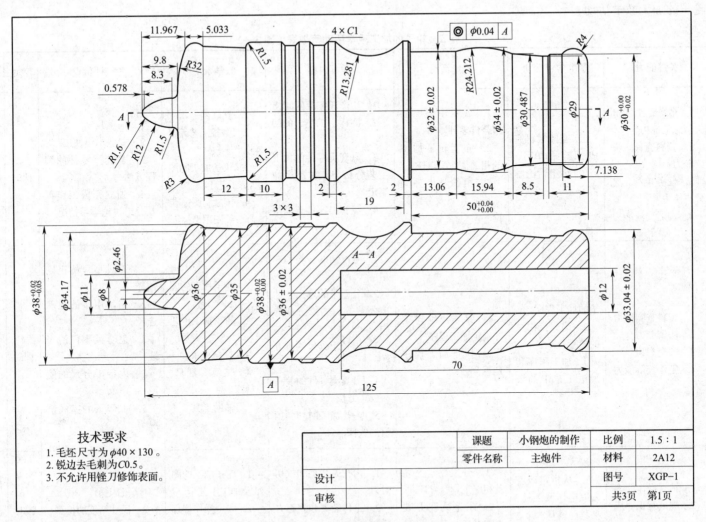

技术要求
1. 毛坯尺寸为 $\phi40 \times 130$ 。
2. 锐边去毛刺为C0.5。
3. 不允许用锉刀修饰表面。

课题	小钢炮的制作	比例	1.5：1
零件名称	主炮件	材料	2A12
设计		图号	XGP-1
审核		共3页	第1页

图 5—1　小钢炮的制作——主炮件

3. 轮子的加工教学活动

表 5—3   任务二   轮子的加工教学活动策划表（图 5—2）

教学活动	关键能力	学生学习活动	教师活动	学习内容	教学资源	考核评价点	学时	教学地点
活动一：工作任务及工艺分析	1. 收集、归类相关信息的能力 2. 资料查阅、阅读能力 3. 任务单和工艺分析能力 4. 沟通交流能力	1. 查阅教材完成工作页的填写 2. 小组讨论学习	1. 展示小钢炮的组合件零件实物 2. 布置轮子加工的相关信息收集任务 3. 组织学生独立完成工作页及分组讨论	1. 生产任务单的阅读 2. 图样、工艺卡的阅读 3. 盘套类零件的加工工艺分析与工艺路线的制定 4. 盘套类零件车削特点	1. 互联网 2. 《数控工艺编程与操作》教材 3. 轮子加工的图纸、工艺卡 4. 国家制图标准 5. 绘图用坐标纸	1. 信息收集 2. 专业术语使用 3. 盘套类零件的编程方法 4. 独立完成工作页及分组讨论学习情况	4课时	一体化教室
活动二：技能学习与加工准备	1. 资料查阅能力 2. 协调能力 3. 安全意识 4. 工作统筹能力	1. 学习编辑轮子的加工程序 2. 编程工作页的填写 3. 加工程序和加工工艺卡的填写	1. 参与小组讨论并确定加工程序 2. 检查加工程序是否合格	1. 基准制的分类和选用 2. 公差带的选用，标准公差等级的划分和选用 3. 内径千分尺测量方法 4. 盘套类零件的装夹与校正方法 5. 内孔加工时切削用量的选择	1. 轮子加工的图纸 2. 轮子加工工艺卡 3. 数控车床 4. 工具、量具、刀具 5. 辅助工具	1. 刀具型号的正确选择 2. 切削用量的正确选择 3. 盘套类零件的安装 4. 内径千分尺的使用 5. 工作页的完成情况	4课时	一体化教室、实训车间（活动二与活动三交替进行）
活动三：零件的加工	1. 独立操作能力 2. 规范意识养成	1. 从指定地点领取毛坯及工具、夹具、量具	1. 分发轮子毛坯及相应工具、刀具 2. 示范内孔刀装夹和试切对刀	1. 内孔刀装夹和试切对刀 2. 工件装夹和找正方法	1. 轮子加工的图纸及加工工艺卡 2. 安全操作规程（7S 管理）	1. 机床操作 2. 尺寸精度的检测	16课时	实训车间（活动二与活动三交替进行）

续表

教学活动	关键能力	学生学习活动	教师活动	学习内容	教学资源	考核评价点	学时	教学地点
活动三：零件的加工	3. 处理现场问题能力.	2. 检查毛坯的可加工性，分组进行轮子零件的编程并加工 3. 检测零件尺寸精度是否合格，并在规定时间内完成加工	3. 巡回指导和个别指导	3. 切削用量的选择	3.《简明机械手册》(中文版第二版) 4. 数控车床 5. 测量工具 6. 辅助工具	3. 安全操作规范的养成 4. 工作页的完成情况	16课时	实训车间（活动二与活动三交替进行）
活动四：检验和质量分析	分析问题能力	1. 几何精度的检测 2. 小组讨论误差产生的原因并陈述 3. 评价表及工作页的填写	组织小组进行零件误差产生原因的分析与陈述	1. 轮子几何精度的检测 2. 轮子加工误差产生原因分析 3. 填写检验、评价、分析表格	1. 误差分析报告表 2. 评价表 3. 百分表及辅具 4. 精度检验报告	1. 误差分析方法 2. 陈述的内容 3. 工作页的完成情况	2课时	一体化教室
活动五：工作总结与评价	1. 团队协作能力 2. 总结归纳能力 3. 口头表达能力 4. 汇报制作能力 5. 撰写报告能力 6. 客观评价能力	1. 小组或个人展示工作成果 2. 小组讨论总结 3. 工作页的填写	1. 组织学生进行展示活动和评价活动 2. 总体评价工作过程 3. 填写教学回顾，进行资料整理	1. 展示物的制作 2. 自评和老师点评 3. 工作情况汇总 4. 撰写工作总结或者实习心得	根据各小组准备展示情况进行申报准备	1. 工作目标 2. 工作过程 3. 工作结果 4. 问题分析及改进措施 5. 工作页的完成情况	2课时	一体化教室

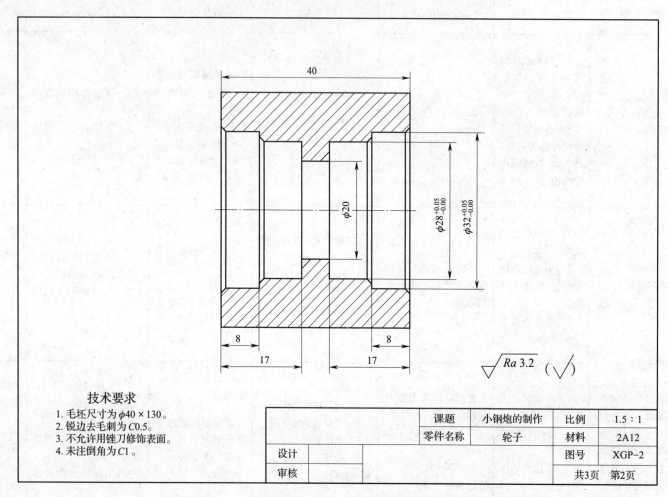

技术要求

1. 毛坯尺寸为 $\phi40 \times 130$。
2. 锐边去毛刺为 C0.5。
3. 不允许用锉刀修饰表面。
4. 未注倒角为 C1。

课题	小钢炮的制作	比例	1.5:1
零件名称	轮子	材料	2A12
设计		图号	XGP-2
审核		共3页 第2页	

图 5—2　小钢炮的制作——轮子

4. 轮轴的加工教学活动

表5—4　　　　　　　　　　　　　　任务三　轮轴的加工教学活动策划表（图5—3）

教学活动	关键能力	学生学习活动	教师活动	学习内容	教学资源	考核评价点	学时	教学地点
活动一：工作任务及工艺分析	1. 收集、归类相关信息的能力 2. 资料查阅、阅读能力 3. 任务单和工艺分析能力 4. 沟通交流能力	1. 查阅教材完成工作页的填写 2. 组讨论学习	1. 展示轮轴零件实物 2. 布置相关信息收集任务 3. 讲解轴套类零件的制图标准 4. 尺寸公差的识读及分析 5. 组织学生独立完成工作页及分组讨论	1. 生产任务单的阅读 2. 图样、工艺卡的阅读 3. 轴套类零件的加工工艺分析与工艺路线的制定	1. 互联网 2. 《数控工艺编程与操作》教材 3. 轮轴的图纸、工艺卡 4. 国家制图标准 5. 绘图用坐标纸	1. 信息收集 2. 专业术语使用 3. 独立完成工作页及分组讨论学习情况	2课时	一体化教室
活动二：技能学习与加工准备	1. 资料查阅能力 2. 协调能力 3. 安全意识 4. 工作统筹能力	1. 学习编制轮轴零件加工程序 2. 编程工作页的填写 3. 加工程序和加工工艺卡的填写	1. 参与小组讨论并确定加工程序 2. 检查加工程序是否合格	1. 百分表或内径千分尺使用方法 2. 游标深度尺的使用方法 3. 孔轴加工试配技巧	1. 轮轴零件图纸 2. 轮轴加工工艺卡 3. 数控车床 4. 工具、量具、刀具 5. 辅助工具	1. 百分表的正确使用 2. 游标深度尺的正确使用 3. 工作页的完成情况	2课时	一体化教室、实训车间（活动二与活动三交替进行）
活动三：零件的加工	1. 独立操作能力	1. 从指定地点领取毛坯及工具、夹具、量具	1. 分发轮轴零件的毛坯及相应工具、刀具	1. 根据基孔制配做轴尺寸	1. 轮轴加工的图纸、加工工艺卡	1. 机床操作 2. 轮轴尺寸精度的测量	6课时	实训车间（活动二与活动三交替进行）

续表

教学活动	关键能力	学生学习活动	教师活动	学习内容	教学资源	考核评价点	学时	教学地点
活动三：零件的加工	2. 规范意识养成 3. 处理现场问题能力	2. 检查毛坯的可加工性，分组进行轮轴零件的编程并加工 3. 检测外尺寸是否合格，并在规定时间内完成加工	2. 检查程序是否正确 3. 巡回指导和个别指导	2. 轮轴零件的加工程序	2. 安全操作规程（7S 管理） 3.《简明机械手册》（中文版第二版） 4. 数控车床 5. 测量工具 6. 辅助工具	3. 轮轴零件加工质量 4. 安全操作规范的养成 5. 工作页的完成情况	6课时	实训车间（活动二与活动三交替进行）
活动四：检验和质量分析	分析问题能力	1. 几何精度的检测 2. 小组讨论误差产生的原因并陈述 3. 评价表及工作页的填写	组织小组进行轮轴件零件误差产生原因的分析与陈述	1. 零件几何精度的检测 2. 零件误差产生原因分析 3. 填写检验、评价、分析表格	1. 误差分析报告 2. 评价表 3. 精度检验报告	1. 误差分析方法 2. 陈述的内容 3. 工作页的完成情况	2课时	一体化教室
活动五：工作总结与评价	1. 团队协作能力 2. 总结归纳能力 3. 口头表达能力 4. 汇报制作能力 5. 撰写报告能力 6. 客观评价能力	1. 小组或个人展示工作成果 2. 小组讨论总结 3. 工作页的填写	1. 组织学生进行展示活动和评价活动 2. 总体评价工作过程 3. 填写教学回顾，进行资料整理	1. 展示物的制作 2. 自评和老师点评 3. 工作情况汇总 4. 撰写工作总结或者实习心得	根据各小组准备展示情况进行申报准备	1. 工作目标 2. 工作过程 3. 工作结果 4. 问题分析及改进措施 5. 工作页的完成情况	2课时	一体化教室

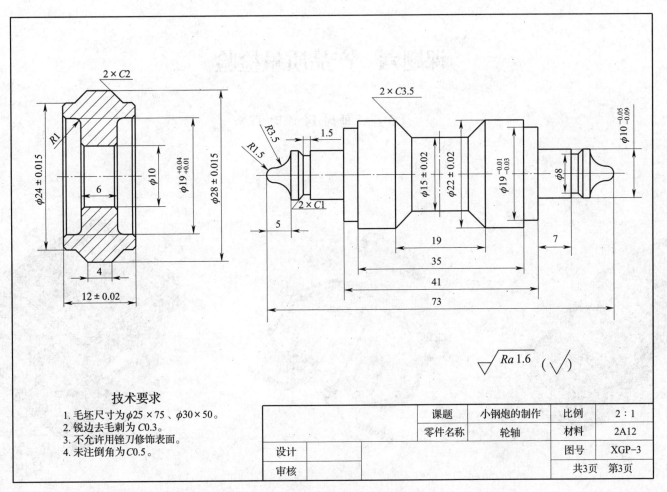

技术要求

1. 毛坯尺寸为 φ25 × 75、φ30 × 50。
2. 锐边去毛刺为 C0.3。
3. 不允许用锉刀修饰表面。
4. 未注倒角为 C0.5。

		课题	小钢炮的制作	比例	2∶1
		零件名称	轮轴	材料	2A12
设计				图号	XGP−3
审核				共3页　第3页	

图 5—3　小钢炮的制作——轮轴

课题六 产品质量检验

（3 周，每周 14 课时）

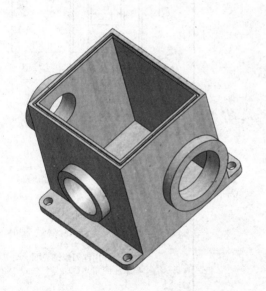

一、产品质量检验教学任务

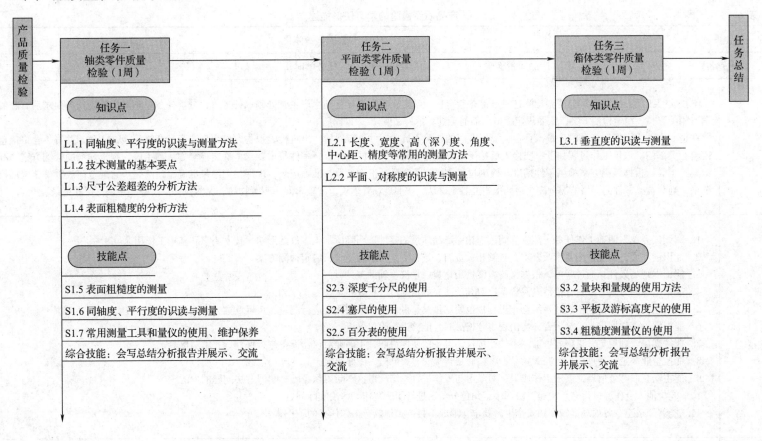

产品质量检验

任务一
轴类零件质量检验（1周）

知识点

L1.1 同轴度、平行度的识读与测量方法

L1.2 技术测量的基本要点

L1.3 尺寸公差超差的分析方法

L1.4 表面粗糙度的分析方法

技能点

S1.5 表面粗糙度的测量

S1.6 同轴度、平行度的识读与测量

S1.7 常用测量工具和量仪的使用、维护保养

综合技能：会写总结分析报告并展示、交流

任务二
平面类零件质量检验（1周）

知识点

L2.1 长度、宽度、高（深）度、角度、中心距、精度等常用的测量方法

L2.2 平面、对称度的识读与测量

技能点

S2.3 深度千分尺的使用

S2.4 塞尺的使用

S2.5 百分表的使用

综合技能：会写总结分析报告并展示、交流

任务三
箱体类零件质量检验（1周）

知识点

L3.1 垂直度的识读与测量

技能点

S3.2 量块和量规的使用方法

S3.3 平板及游标高度尺的使用

S3.4 粗糙度测量仪的使用

综合技能：会写总结分析报告并展示、交流

任务总结

二、产品质量检验教学活动

1. 任务导入

表 6—1   **产品质量检验的学习任务描述**

一体化课程名称	数控车一体化		
任务名称	产品质量检验	任务学时	42 课时
任务情境	学校实习工厂在出厂交货前需要检测这批产品是否合格。学生在教师指导下到生产主管处领取任务单，分析任务单和图样明确任务要求后，查阅和学习相关资料，制定检测方案，依照规定领取所需的工具、量具、夹具、刀具等。 在企业中，为了保证产品的质量，企业会设置专门的检验人员对零件进行终检，出具检验报告，作为企业产品合格的最终凭证，并将不合格信息反馈给有关部门。该项工作过程如下：质检人员接受任务并签字确认，根据图样分析零件技术要求，确定检测方法和手段，制定详细的检测方案，准备检具、工具，根据检测方案检测零件精度。检测过程中要规范测量，正确读数，准确记录，确保检测结果准确。检测完毕后规范存放零件，根据检测结果，判断被测零件的合格情况，提交检测报告并签字确认，按照现场管理规范清理车间、归置物品、保养检具及设备，并填写保养记录。		
学习目标	1. 阅读任务单，明确工作任务，能独立阅读需检测产品质量的零件，明确所加工零件的形状、技术要求和基本工作用途。 2. 能识读图样，明确检测要素及要求，查阅相关资料，选择测量方法及量具，制定检测方案。 3. 能根据现场条件，通过学习，根据检验方案选用量具、量仪、辅助工具。 4. 能根据检测方案，准备计量器具及设备，对其功能完好情况进行检查和调整。 5. 能根据检测方案，严格按照检测操作规程规范使用量具、量仪，对被测要素进行测量，正确读数，准确记录。 6. 能根据检测数据出具检测报告，当出现不合格品时，能够进行简单分析。 7. 能按现场管理规定，正确放置被测零件，按仪器设备的使用说明，正确地对仪器设备进行保养，并填写保养记录。 8. 能按企业规定，整理现场，归置物品，将检验报告提交有关部门，做好交接。 9. 能主动获取有效信息，展示工作成果，对学习与工作进行总结反思，不断累积经验，学习解决问题的方法。 10. 能与他人合作，进行有效沟通，协调小组角色分工，进行团队协作，解决实际问题。 11. 能够严格遵守各项规章制度和安全生产要求，形成不打折扣地执行工作任务的工作素养。		
学习内容	1. 检验室规章制度（7S 现场管理）。 2. 检验岗位的基本常识与注意事项。		

一体化课程名称	数控车一体化		
任务名称	产品质量检验	任务学时	42 课时

学习内容	3. 检测方案的制定方法。 4. 任务单、工艺卡、检验卡、交接班记录和保养卡等技术文件的填写要求。 5. 零件加工的质量分析方法及改进措施。 6. 产品检验环节中全检、抽检的概念和适用场合。 7. 长度、角度、外径、内径、锥面、普通螺纹、表面粗糙度和几何精度的常用测量方法。 8. 常用测量工具（游标卡尺、外径千分尺、内径千分尺、内径百分表等）和量仪的使用、维护保养方法。 9. 产品检测报告的填写方法。 10. 不合格产品返修的具体措施。
教学建议	教学组织方式建议： 1. 建议以小组为单位完成任务，每组 2 ~ 3 人，小组成员对各自检验的内容负责。 2. 可组织学生参观三坐标测量仪检测流程，对测量仪器的应用知识进行拓展。 3. 根据任务活动环节和作业分工，教师安排学生交叉进行。 4. 以情景模拟的形式，教师安排学生扮演角色，从工具仓库领取工具、量具、夹具、刀具并交付及归还等。 5. 教师组织学生以小组或个人形式，向全班展示、汇报学习成果。 教学注意要点： 1. 各小组成员需独立完成自己的工作任务。 2. 按企业安排，从相关人员处接受任务单、被测零件，领取空白检测报告。 3. 在需要时，从计量室借用必要的计量器具、设备和辅助工具等，使用后及时归还，并做好记录。 4. 将检测报告等文件提交有关部门，规范交接。 5. 工作中出现意外情况时，向老师报告。

2. 轴类零件质量检验教学活动

表6—2 　　　　　　　　　　　　　任务一　轴类零件质量检验教学活动策划表（图6—1）

教学活动	关键能力	学生学习活动	教师活动	学习内容	教学资源	考核评价点	学时	教学地点
活动一：工作任务分析	1. 收集、归类相关信息的能力 2. 资料查阅、阅读能力 3. 任务单和产品质量检验工艺分析能力 4. 沟通交流能力	1. 查阅教材完成工作页的填写 2. 小组讨论学习	1. 展示需质量检验零件实物 2. 布置相关信息收集任务 3. 图样技术要求的识读及分析 4. 组织学生独立完成工作页及分组讨论	1. 生产任务单的阅读 2. 零件图样的识读 3. 检测方案的制定方法	1. 互联网 2. 《数控工艺与操作》教材 3. 需检测产品图纸、工艺卡 4. 国家制图标准 5. 绘图用坐标纸	1. 信息收集 2. 专业术语使用 3. 独立完成工作页及分组讨论学习情况	2课时	一体化教室
活动二：技能学习与检测准备	1. 资料查阅能力 2. 协调能力 3. 安全意识 4. 工作统筹能力	1. 学习编制产品质量检测方案 2. 观看学习产品质量检验流程与技巧 3. 检查方案和工艺卡的填写	1. 组织学生观看学习产品质量检验流程的示范（以6人左右小组形式为宜） 2. 参与小组讨论并确定检测方案	1. 长度、角度、外径、内径、锥面、普通螺纹精度的常用检测方法 2. 同轴度、平行度的识读与测量 3. 表面粗糙度的测量 4. 常用测量工具（游标卡尺、外径千分尺、内径千分尺、内径百分表等）和量仪的使用、维护保养方法	1. 需检测产品图纸及零件实物 2. 常用的工具、量具 3. 辅助工具	1. 工作页的完成情况 2. 常用测量工具和量仪的正确使用与维护保养	2课时	一体化教室
活动三：产品质量检验	1. 独立操作能力	1. 从指定地点领取需检测零件及工具、夹具、量具	1. 分发需检测的零件及相应工具、量具	用量具、量仪进行轴类零件的质量检测并记录在检测报告内	1. 需检测产品图纸	1. 轴类零件的尺寸几何精度检测	6课时	一体化教室

续表

教学活动	关键能力	学生学习活动	教师活动	学习内容	教学资源	考核评价点	学时	教学地点
活动三：产品质量检验	2. 规范意识养成 3. 处理现场问题能力	2. 分组进行产品质量检验 3. 在规定时间内完成检测，并评判产品质量	2. 巡回指导和个别指导		2. 产品质量检验工艺卡 3. 安全操作规程（7S 管理） 4. 测量工具 5. 辅助工具	2. 产品质量检验完成情况 3. 安全操作规范的养成 4. 工作页的完成情况	6课时	一体化教室
活动四：检测质量分析	分析问题能力	1. 小组讨论误差产生的原因并陈述 2. 测量方法表述 3. 评价表及工作页的填写	组织小组进行产品质量检验及零件误差产生原因的分析与陈述	1. 轴类零件尺寸几何精度的检测方法及误差产生原因 2. 产品检测报告的填写方法 3. 不合格产品返修的具体措施	1. 精度检验报告 2. 产品质量检验误差分析报告	1. 误差分析方法 2. 陈述的内容 3. 工作页的完成情况	2课时	一体化教室
活动五：工作总结与评价	1. 团队协作能力 2. 总结归纳能力 3. 口头表达能力 4. 汇报制作能力 5. 撰写报告能力 6. 客观评价能力	1. 小组或个人展示工作成果 2. 小组讨论总结 3. 工作页的填写	1. 组织学生进行展示活动和评价活动 2. 总体评价工作过程 3. 填写教学回顾，进行资料整理	1. 学生展示自己的检测报告 2. 自评和老师点评 3. 工作情况汇总 4. 撰写工作总结或者实习心得	根据各小组准备展示情况进行申报准备	1. 工作目标 2. 工作过程 3. 工作结果 4. 问题分析及改进措施 5. 工作页的完成情况	2课时	一体化教室

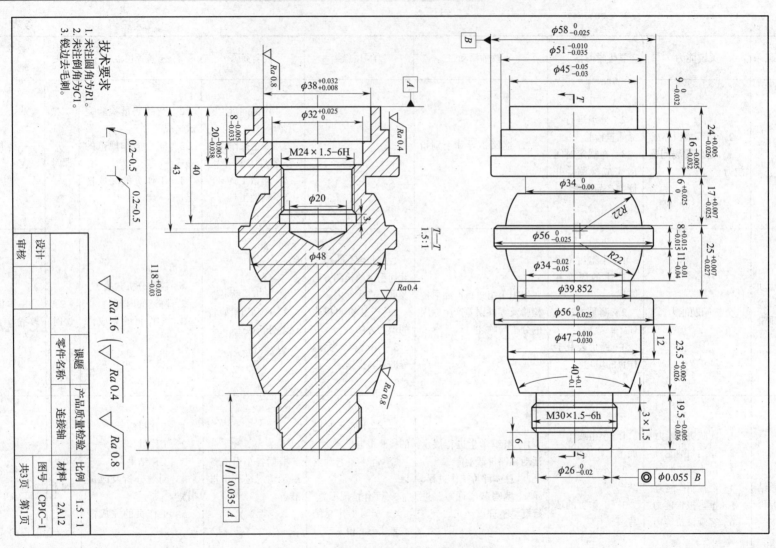

图 6—1　产品质量检验——轴类零件

3. 平面类零件质量检验教学活动

表6—3　　　　　　　　　　　　　　　任务二　平面类零件质量检验教学活动策划表（图6—2）

教学活动	关键能力	学生学习活动	教师活动	学习内容	教学资源	考核评价点	学时	教学地点
活动一：工作任务分析	1. 收集、归类相关信息的能力　2. 资料查阅、阅读能力　3. 任务单和产品质量检验工艺分析能力　4. 沟通交流能力	1. 查阅教材完成工作页的填写　2. 小组讨论学习	1. 展示需质量检验零件实物　2. 布置相关信息收集任务　3. 图样技术要求的识读及分析　4. 组织学生独立完成工作页及分组讨论	1. 生产任务单的阅读　2. 零件图样的识读　3. 检测方案的制定方法	1. 互联网　2.《数控工艺编程与操作》教材　3. 需检测零件图纸、工艺卡　4. 国家制图标准　5. 绘图用坐标纸	1. 信息收集　2. 专业术语使用　3. 独立完成工作页及分组讨论学习情况	2课时	一体化教室
活动二：技能学习与检测准备	1. 资料查阅能力　2. 协调能力　3. 安全意识　4. 工作统筹能力	1. 学习平面类零件检测的方案　2. 检测方案和工艺卡的填写	1. 组织学生观看学习产品质量检验流程的示范（以6人左右小组形式为宜）　2. 参与小组讨论并确定检测方案	1. 长度、宽度、高（深）度、角度、中心距、精度的常用检测方法　2. 平行、平面、对称度的识读与测量　3. 深度千分尺的使用　4. 百分表和塞尺的使用　5. 量具、量棒、量块的使用与维护保养	1. 需检测零件图纸及零件实物　2. 常用的工具、量具　3. 辅助工具	1. 常用测量工具和量仪的正确使用与维护　2. 工作页的完成情况	2课时	一体化教室

续表

教学活动	关键能力	学生学习活动	教师活动	学习内容	教学资源	考核评价点	学时	教学地点
活动三：产品质量检验	1. 独立操作能力 2. 规范意识养成 3. 处理现场问题能力	1. 从指定地点领取需检测零件及工具、夹具、量具 2. 分组进行产品质量检验 3. 在规定时间内完成检测，并评判产品质量	1. 分发需要检测的零件及相应工具、量具 2. 巡回指导和个别指导	用量具、量仪进行平面类零件质量检验并记录在检测报告内	1. 需要检测的零件图纸 2. 产品质量检验工艺卡 3. 测量工具 4. 辅助工具	1. 外形、内腔精度的测量 2. 产品质量检验完成情况 3. 安全操作规范的养成 4. 工作页的完成情况	6课时	一体化教室
活动四：检测质量分析	分析问题能力	1. 小组讨论误差产生的原因并陈述 2. 测量方法表述 3. 评价表及工作页的填写	组织小组进行产品质量检验及零件误差产生原因的分析与陈述	1. 平面类零件尺寸几何精度的检测方法及误差产生原因 2. 产品检测报告的填写方法 3. 不合格产品返修的具体措施	1. 精度检验报告 2. 产品质量检验误差分析报告	1. 误差分析方法 2. 陈述的内容 3. 工作页的完成情况	2课时	一体化教室
活动五：工作总结与评价	1. 团队协作能力 2. 总结归纳能力 3. 口头表达能力 4. 汇报制作能力 5. 撰写报告能力 6. 客观评价能力	1. 小组或个人展示工作成果 2. 小组讨论总结 3. 工作页的填写	1. 组织学生进行展示活动和评价活动 2. 总体评价工作过程 3. 填写教学回顾，进行资料整理	1. 学生展示自己的检测报告 2. 自评和老师点评 3. 工作情况汇总 4. 撰写工作总结或者实习心得	根据各小组准备展示情况进行申报准备	1. 工作目标 2. 工作过程 3. 工作结果 4. 问题分析及改进措施 5. 工作页的完成情况	2课时	一体化教室

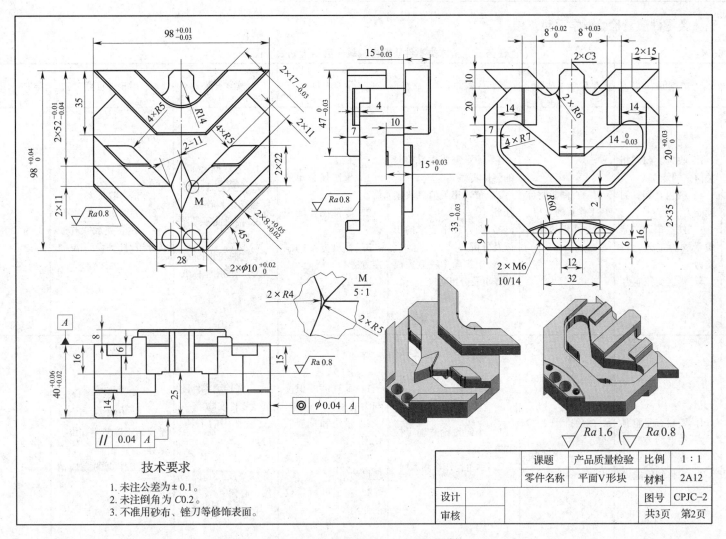

技术要求

1. 未注公差为±0.1。
2. 未注倒角为C0.2。
3. 不准用砂布、锉刀等修饰表面。

课题	产品质量检验	比例	1:1
零件名称	平面V形块	材料	2A12
设计		图号	CPJC-2
审核		共3页	第2页

图6—2 产品质量检验——平面类零件

4. 箱体类零件质量检验教学活动

表 6—4　　　　　　　　　　　任务三　箱体类零件质量检验教学活动策划表（图 6—3）

教学活动	关键能力	学生学习活动	教师活动	学习内容	教学资源	考核评价点	学时	教学地点
活动一：工作任务分析	1. 收集、归类相关信息的能力 2. 资料查阅、阅读能力 3. 任务单和产品质量检验工艺分析能力 4. 沟通交流能力	1. 查阅教材完成工作页的填写 2. 小组讨论学习	1. 展示需要质量检验的零件实物 2. 布置相关信息收集任务 3. 图样技术要求的识读及分析 4. 组织学生独立完成工作页及分组讨论	1. 生产任务单的阅读 2. 零件图样的识读 3. 检测方案的制定方法	1. 互联网 2.《数控工艺编程与操作》教材 3. 需检测零件图纸、工艺卡 4. 国家制图标准 5. 绘图用坐标纸	1. 信息收集 2. 专业术语使用 3. 独立完成工作页及分组讨论学习情况	2课时	一体化教室
活动二：技能学习与检测准备	1. 资料查阅能力 2. 协调能力 3. 安全意识 4. 工作统筹能力	1. 编制产品检验方案 2. 检测方案和工艺卡的填写	1. 小组讨论并确定检测方案 2. 示范操作检测流程	1. 垂直度的识读与测量 2. 量块和量规的使用 3. 平板及游标高度尺的使用 4. 粗糙度测量仪的使用	1. 需检测零件图纸及零件实物 2. 常用的工具、量具 3. 工作平台、游标高度尺、测高仪、心棒 4. 辅助工具	1. 常用测量工具、量仪的正确使用和维护保养 2. 工作页的完成情况	2课时	一体化教室

续表

教学活动	关键能力	学生学习活动	教师活动	学习内容	教学资源	考核评价点	学时	教学地点
活动三：产品质量检验	1. 独立操作能力 2. 规范意识养成 3. 处理现场问题能力	1. 从指定地点领取需检测零件及工具、夹具、量具 2. 分组进行产品质量检验 3. 在规定时间内完成检测，并评判产品质量	1. 分发需检测零件及相应工具、量具 2. 巡回指导和个别指导	用量具、量仪进行箱体类零件检测并记录在检测报告内	1. 需检测零件图纸 2. 产品质量检验工艺卡 3. 安全操作规程（7S 管理） 4. 测量工具 5. 辅助工具	1. 产品质量检验完成情况 2. 安全操作规范的养成 3. 工作页的完成情况	6课时	一体化教室
活动四：检测质量分析	分析问题能力	1. 尺寸、几何精度的检测方法陈述 2. 小组讨论误差产生的原因并陈述 3. 评价表及工作页的填写	组织小组进行产品质量检验及零件误差产生原因的分析与陈述	1. 箱体类零件尺寸的检测方法及误差产生原因 2. 产品检测报告的填写方法 3. 不合格产品返修的具体措施	1. 精度检验报告 2. 产品质量检验误差分析报告	1. 误差分析方法 2. 陈述的内容 3. 工作页的完成情况	2课时	一体化教室
活动五：工作总结与评价	1. 团队协作能力 2. 总结归纳能力 3. 口头表达能力 4. 汇报制作能力 5. 撰写报告能力 6. 客观评价能力	1. 小组或个人展示工作成果 2. 小组讨论总结 3. 工作页的填写	1. 组织学生进行展示活动和评价活动 2. 总体评价工作过程 3. 填写教学回顾，进行资料整理	1. 学生展示自己的检测报告 2. 自评和老师点评 3. 工作情况汇总 4. 撰写工作总结或者实习心得	根据各小组准备展示情况进行申报准备	1. 工作目标 2. 工作过程 3. 工作结果 4. 问题分析及改进措施 5. 工作页的完成情况	2课时	一体化教室

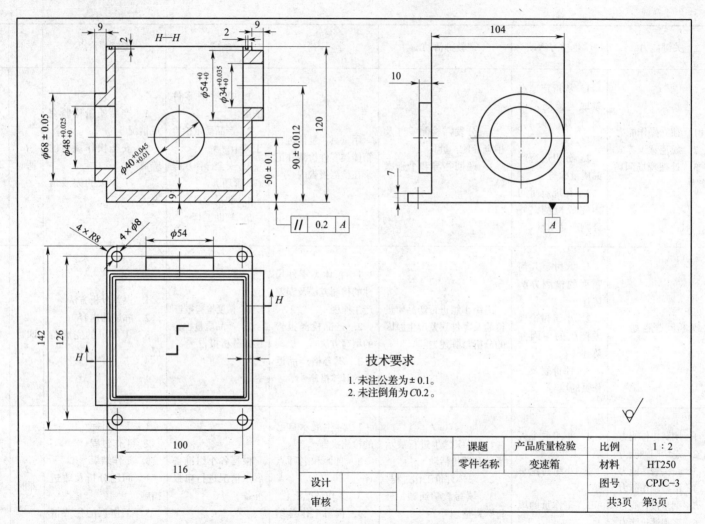

技术要求
1. 未注公差为 ± 0.1。
2. 未注倒角为 C0.2。

课题	产品质量检验	比例	1：2
零件名称	变速箱	材料	HT250
设计		图号	CPJC-3
审核		共3页 第3页	

图 6—3   产品质量检验——箱体类零件

数控车一体化

课题七 综合件加工

（7周，每周16课时）

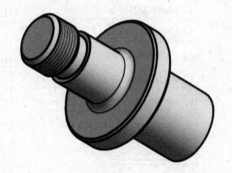

一、综合件加工教学任务

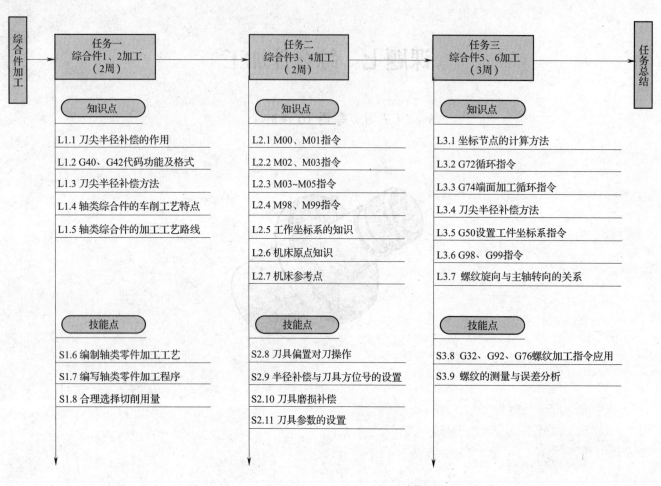

二、综合件加工教学活动

1. 任务导入

表 7—1 <center>综合件加工学习任务描述</center>

一体化课程名称	数控车一体化		
任务名称	综合件加工	任务学时	112 课时
任务情境	我系数控车工专业学生训练毛坯及加工要求见图 7—1 ~ 图 7—6。学生在教师指导下到生产主管处领取加工任务单，分析任务单和图样，明确任务要求后查阅和学习相关资料，编制加工工艺，依照规定领取所需的工具、量具、夹具、刀具等。在教师或者生产主管所审定的时间内，安全规范地完成综合件的加工任务。		
学习目标	1. 能独立阅读综合件各零件、工序图样和生产任务单，明确工时、毛坯、加工数量等要求，明确所加工零件的形状、技术要求和基本工作用途。 2. 能按要求编写加工程序，查阅相关资料并计算，明确加工技术要求和加工工艺。 3. 能根据零件材料和形状特征，合理选择和使用工具、量具、刀具。 4. 能根据现场条件，通过学习，做好生产所需的工具、量具、夹具、辅件及切削液的准备和整理。 5. 能根据零件材料、刀具材料、加工性质等因素，查阅切削手册，独立在规定的时间内编写好加工程序，并调整好机床进行加工。 6. 在加工零件过程中，能严格按照操作规程操作数控车床和使用工具、量具、刀具，按工艺进行切削；根据切削状态调整切削用量，保证正常切削；适时检测，保证加工精度。 7. 能按车间现场管理规定（7S），正确放置零件、工具、量具、刀具等生产物品。 8. 能按产品工艺流程和车间要求，进行产品交接并确认。 9. 能按车间规定填写交接班记录等各项生产记录（表格）。 10. 能主动获取有效信息，展示工作成果，对学习与工作进行总结反思，不断总结经验，学习解决问题的方法。 11. 能与他人合作，进行有效沟通，协调小组角色分工，进行团队协作，解决实际问题。 12. 能够严格遵守各项规章制度和安全生产要求，形成不打折扣地执行工作任务的工作素养。		

一体化课程名称		数控车一体化	
任务名称	综合件加工	任务学时	112 课时

学习内容	1. 7S 现场管理知识及数控车床安全操作规程。 2. 任务单、工艺卡、检验卡、交接班记录和保养卡等技术文件的填写要求。 3. 复习专业基础课程和专业工艺课程（按照考级的知识点进行学习）。 4. 图样中零件的形状识读，尺寸和所需技术要求的识读。 5. 综合件的编程方法和工艺安排。 6. 零件尺寸精度的控制方法及检测。 7. 零件加工的质量分析方法及改进措施。
教学建议	设施设备（以 25 人班级为例）： 数控车床：10～12 台（配置比为 1∶2）。　　　车间要求： 　1. 一体化教室：100 m²，配电满足教学需要，环保符合国家标准要求。 　2. 数控车实训车间：200 m²，配电满足教学需要，环保符合国家标准要求。 教学组织形式建议： 1. 教师组织学生穿戴好工作服、胸卡集合，进行安全教育后方可进入实习车间学习。 2. 人均操作机床时间应不少于总学时的 50%。 3. 根据任务活动环节和作业分工，教师安排学生编程、软件学习及机床操作交叉进行。（可采用引导文的形式组织教学） 4. 以考级情景模拟的形式，教师安排学生扮演角色，按规定的时间完成相关的应知和应会考试模拟。 5. 学生要学会对自己的工件进行客观的自评。 6. 教师组织学生以小组或个人形式，向全班展示、汇报学习成果。 教学注意要点： 1. 本任务不需要每人或每个小组都采用同样的加工工艺，在保证加工安全的前提下，可以自由编写自己的程序。 2. 各小组成员需独立完成自己的学习任务，而不是以小组为单位，避免小组内仅有几位同学参与。 3. 全班同学轮流与他人合作组成小组（不是固定的学习小组），有更多的机会与他人合作，培养学生团队合作能力。

2. 综合件 1、2 加工教学活动

表 7—2　　　　　　　　　　　　任务一　综合件 1、2 加工教学活动策划表（图 7—1、图 7—2）

教学活动	关键能力	学生学习活动	教师活动	学习内容	教学资源	考核评价点	学时	教学地点
活动一：工作任务及工艺分析	1. 收集、归类相关信息的能力 2. 资料查阅、阅读能力 3. 任务单和综合件工艺分析能力 4. 沟通交流能力	1. 综合件加工工艺分析 2. 查阅相关资料完成工作页的填写 3. 小组讨论学习	1. 提供/分发综合件1、2图纸 2. 布置综合件1、2加工相关信息收集任务 3. 装配图的识读及分析 4. 组织学生独立完成工作页及分组讨论	1. 生产任务单的阅读 2. 图样、工艺卡的阅读 3. 刀尖半径补偿的作用 4. G40、G42代码功能及格式 5. 刀尖半径补偿方法 6. 轴类零件的车削工艺特点 7. 轴类零件的加工工艺路线	1. 互联网 2.《数控工艺编程与操作》教材 3. 综合件1、2的图纸、工艺卡	1. 信息收集 2. 专业术语使用 3. 独立完成工作页及分组讨论学习情况	4课时	一体化教室
活动二：技能学习与加工准备	1. 资料查阅能力 2. 协调能力 3. 安全意识 4. 工作统筹能力	1. 编制加工程序 2. 工作页的填写 3. 加工程序和加工工艺卡的填写	1. 参与小组讨论并确定加工程序 2. 检查加工程序是否合格	1. 形状、尺寸和所需技术要求的识读 2. 综合件1、2加工工艺分析及编程知识 3. 编写综合件1、2加工程序	1. 综合件1、2图纸、加工工艺卡 2. 数控车床 3. 工具、量具、刀具 4. 辅助工具	1. 加工程序的合理性 2. 工作页的完成情况	4课时	一体化教室、实训车间（活动二与活动三交替进行）

续表

教学活动	关键能力	学生学习活动	教师活动	学习内容	教学资源	考核评价点	学时	教学地点
活动三：零件的加工	1. 独立操作能力 2. 规范意识养成 3. 处理现场问题能力	1. 从指定地点领取毛坯及工具、夹具、量具 2. 检查毛坯的可加工性，分组进行零件（各工序）的加工 3. 检测工件各精度是否合格，并在规定时间内完成加工	1. 分发综合件1、2的毛坯及相应工具、刀具 2. 检查程序是否正确 3. 巡回指导和个别指导	1. 综合件1、2的程序编制及工艺安排 2. 零件尺寸精度的控制方法	1. 综合件1、2图纸、加工工艺卡 2. 安全操作规程（7S管理） 3. 《简明机械手册》（中文版第二版） 4. 数控车床 5. 测量工具 6. 辅助工具	1. 机床操作 2. 综合件加工过程记录 3. 安全操作规范的养成 4. 工作页的完成情况	20课时	实训车间（活动二与活动三交替进行）
活动四：检验和质量分析	分析问题能力	1. 尺寸、几何精度的检测 2. 小组讨论误差产生的原因并陈述 3. 评价表及工作页的填写	组织学生对综合件1、2误差产生原因的分析与陈述	1. 综合件1、2的精度检测方法 2. 中级工考级辅导：零件误差产生原因 3. 填写检验、评价、分析表格	1. 误差分析报告 2. 精度检验报告 3. 评价表	1. 误差分析方法 2. 陈述的内容 3. 工作页的完成情况	2课时	一体化教室
活动五：工作总结与评价	1. 团队协作能力 2. 总结归纳能力 3. 口头表达能力 4. 汇报制作能力 5. 撰写报告能力 6. 客观评价能力	1. 小组或个人展示工作成果 2. 小组讨论总结 3. 工作页的填写	1. 组织学生进行展示活动和评价活动 2. 总体评价工作过程 3. 填写教学回顾，进行资料整理	1. 展示物的制作 2. 自评和老师点评 3. 撰写工作总结或者实习心得	根据各小组准备展示情况进行申报准备	1. 工作目标 2. 工作过程 3. 工作结果 4. 问题分析及改进措施 5. 工作页的完成情况	2课时	一体化教室

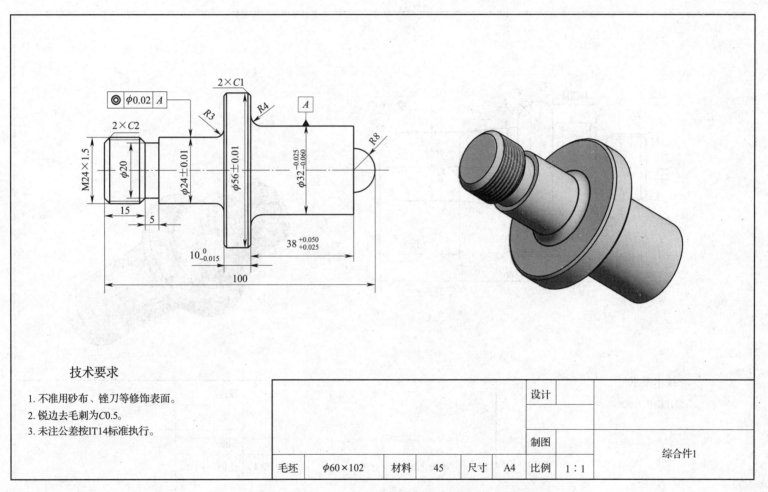

技术要求

1. 不准用砂布、锉刀等修饰表面。
2. 锐边去毛刺为C0.5。
3. 未注公差按IT14标准执行。

						设计		
						制图		综合件1
毛坯	φ60×102	材料	45	尺寸	A4	比例	1∶1	

图7—1 综合件加工——综合件1

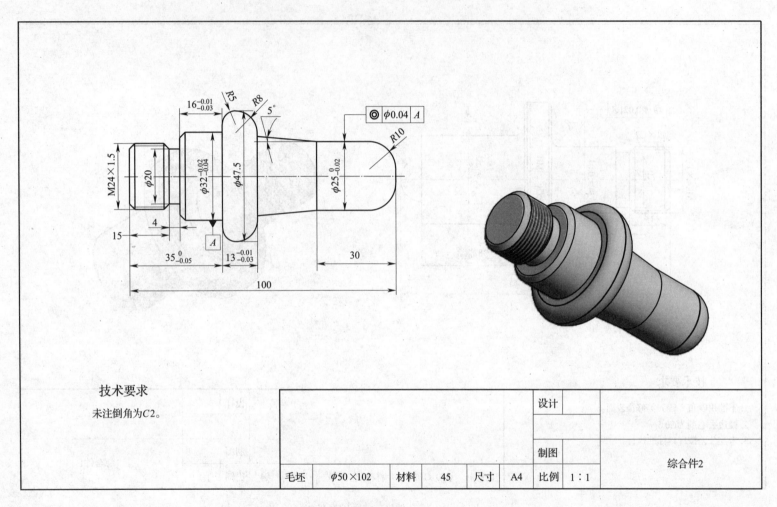

技术要求

未注倒角为C2。

毛坯	φ50×102	材料	45	尺寸	A4	比例	1∶1

设计		
制图		综合件2

图7—2 综合件加工——综合件2

3. 综合件 3、4 加工教学活动

表 7—3　　　　　　　　　　任务二　综合件 3、4 加工教学活动策划表（图 7—3、图 7—4）

教学活动	关键能力	学生学习活动	教师活动	学习内容	教学资源	考核评价点	学时	教学地点
活动一：工作任务及工艺分析	1. 收集、归类相关信息的能力 2. 资料查阅、阅读能力 3. 任务单和综合件工艺分析能力 4. 沟通交流能力	1. 综合件 3、4 加工工艺分析 2. 查阅相关资料完成工作页的填写 3. 小组讨论学习	1. 提供／分发综合件 3、4 图纸 2. 布置综合件 3、4 加工相关信息收集任务 3. 装配图的识读及分析 4. 组织学生独立完成工作页及分组讨论	1. 生产任务单的阅读 2. 综合件 3、4 图样、工艺卡的阅读 3. 安全文明生产教育（7S 管理） 4. M00、M01 指令 5. M02、M30 指令 6. M03 ~ M05 指令 7. M98、M99 指令 8. 工作坐标系的知识 9. 机床原点的知识 10. 机床参考点 11. 相关工艺课的串讲复习（以中级知识点为主线）	1. 互联网 2.《数控工艺编程与操作》教材 3. 综合件 3、4 的图纸、加工工艺卡	1. 信息收集 2. 专业术语使用 3. 独立完成工作页及分组讨论学习情况	4 课时	一体化教室
活动二：技能学习与加工准备	1. 资料查阅能力 2. 协调能力 3. 安全意识 4. 工作统筹能力	1. 编制加工程序 2. 工作页的填写 3. 加工程序和加工工艺卡的填写	1. 参与小组讨论并确定加工程序 2. 检查加工程序是否合格	1. 刀具偏置对刀操作 2. 半径补偿与刀具方位号的设置 3. 刀具磨损补偿 4. 刀具参数的设置	1. 综合件 3、4 图纸、加工工艺卡 2. 数控车床 3. 工具、量具、刀具 4. 辅助工具	1. 半径补偿与刀具方位号的合理使用 2. 刀具参数的正确设置 3. 工作页的完成情况	4 课时	一体化教室、实训车间（活动二与活动三交替进行）

续表

教学活动	关键能力	学生学习活动	教师活动	学习内容	教学资源	考核评价点	学时	教学地点
活动三：零件的加工	1. 独立操作能力 2. 规范意识养成 3. 处理现场问题能力	1. 从指定地点领取毛坯及工具、夹具、量具 2. 检查毛坯的可加工性，分组进行零件（各工序）的加工 3. 检测工件各精度是否合格，并在规定时间内完成加工	1. 分发综合件3、4的毛坯及相应工具、刀具 2. 检查程序是否正确 3. 巡回指导和个别指导	1. 综合件3、4的加工程序编制及工艺安排 2. 零件几何精度的控制方法 3. 零件加工的质量分析方法及改进措施	1. 综合件3、4图纸、加工工艺卡 2. 安全操作规程（7S管理） 3.《简明机械手册》（中文版第二版） 4. 数控车床 5. 测量工具 6. 辅助工具	1. 机床操作 2. 综合件加工质量 3. 安全操作规范的养成 4. 工作页的完成情况	20课时	实训车间（活动二与活动三交替进行）
活动四：检验和质量分析	分析问题能力	1. 尺寸几何精度的检测 2. 小组讨论误差产生的原因并陈述 3. 评价表及工作页的填写	组织学生对综合件3、4误差产生原因的分析与陈述	1. 综合件3、4的精度检测方法 2. 中级工考级辅导：零件误差产生原因 3. 填写检验、评价、分析表格	1. 误差分析报告 2. 精度检验报告 3. 评价表	1. 误差分析方法 2. 陈述的内容 3. 工作页的完成情况	2课时	一体化教室
活动五：工作总结与评价	1. 团队协作能力 2. 总结归纳能力 3. 口头表达能力 4. 汇报制作能力 5. 撰写报告能力 6. 客观评价能力	1. 小组或个人展示工作成果 2. 小组讨论总结 3. 工作页的填写	1. 组织学生进行展示活动和评价活动 2. 总体评价工作过程 3. 填写教学回顾，进行资料整理	1. 展示物的制作 2. 自评和老师点评 3. 撰写工作总结或者实习心得	根据各小组准备展示情况进行申报准备	1. 工作目标 2. 工作过程 3. 工作结果 4. 问题分析及改进措施 5. 工作页的完成情况	2课时	一体化教室

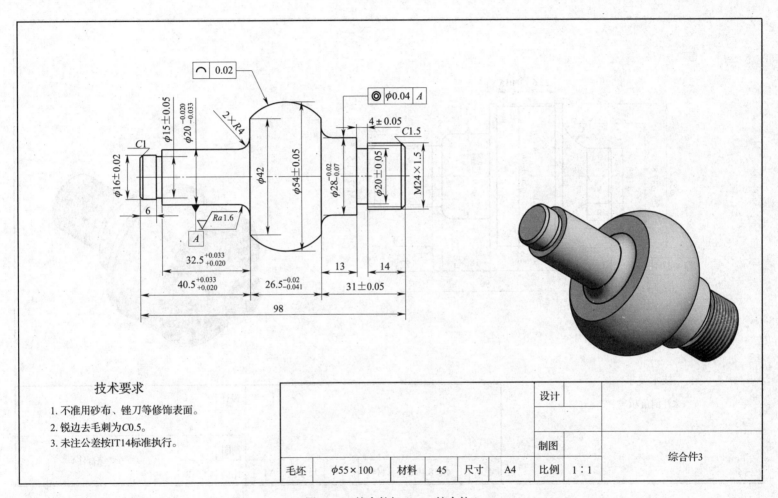

图 7—3　综合件加工——综合件 3

技术要求

1. 不准用砂布、锉刀等修饰表面。
2. 锐边去毛刺为 C0.5。
3. 未注公差按 IT14 标准执行。

设计					
			制图		
毛坯	φ55×100	材料	45	尺寸	A4	比例	1：1	综合件3

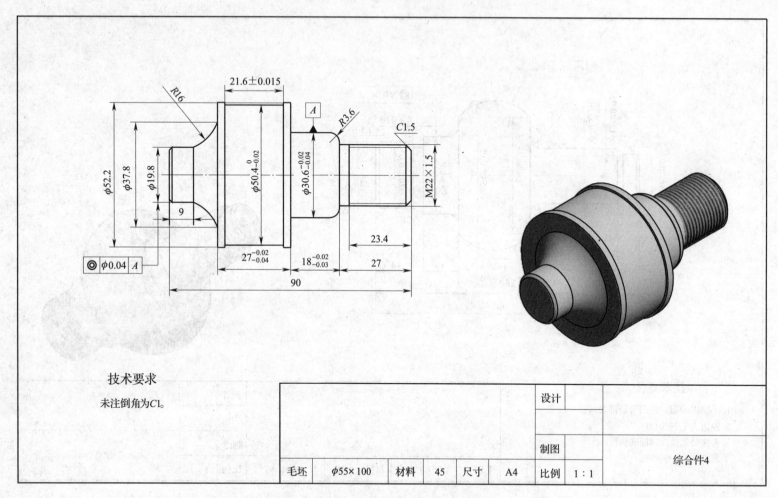

技术要求

未注倒角为C1。

毛坯	φ55×100	材料	45	尺寸	A4	比例	1:1

设计	
制图	

综合件4

图7—4 综合件加工——综合件4

4. 综合件 5、6 加工教学活动

表 7—4　　　　　　　　　　　任务三　综合件 5、6 加工教学活动策划表（图 7—5、图 7—6）

教学活动	关键能力	学生学习活动	教师活动	学习内容	教学资源	考核评价点	学时	教学地点
活动一：工作任务及工艺分析	1. 收集、归类相关信息的能力 2. 资料查阅、阅读能力 3. 任务单和综合件工艺分析能力 4. 沟通交流能力	1. 综合件 5、6 加工工艺分析 2. 查阅相关资料完成工作页的填写 3. 小组讨论学习	1. 提供 / 分发综合件 5、6 图纸 2. 布置综合件 5、6 加工相关信息收集任务 3. 装配图的识读及分析 4. 组织学生独立完成工作页及分组讨论	1. 生产任务单的阅读 2. 综合件 5、6 图样、工艺卡的阅读 3. 安全文明生产教育（7S 管理） 4. 形状、尺寸和所需技术要求的识读 5. 综合件 5、6 加工工艺分析及编程知识	1. 互联网 2.《数控工艺编程与操作》教材 3. 综合件 5、6 的图纸、加工工艺卡	1. 信息收集 2. 专业术语使用 3. 独立完成工作页及分组讨论学习情况	4 课时	一体化教室
活动二：技能学习与加工准备	1. 资料查阅能力 2. 协调能力 3. 安全意识 4. 工作统筹能力	1. 编制加工程序 2. 工作页的填写 3. 加工程序和加工工艺卡的填写	1. 参与小组讨论并确定加工程序 2. 检查加工程序是否合格	1. 坐标节点的计算方法 2. G73 循环指令 3. G74 循环指令 4. 刀尖半径补偿的方法 5. G50 指令 6. G98、G99 指令 7. 螺纹旋向与主轴转向的关系 8. G32、G92、G76 螺纹加工指令区别和应用 9. 零件几何精度的控制方法	1. 综合件 5、6 图纸 2. 加工程序及工艺卡 3. 数控车床 4. 工具、量具、刃具 5. 辅助工具	1. 加工程序的正确性 2. 工作页的完成情况	4 课时	一体化教室、实训车间（活动二与活动三交替进行）

教学活动	关键能力	学生学习活动	教师活动	学习内容	教学资源	考核评价点	学时	教学地点
活动三：零件的加工	1. 独立操作能力 2. 规范意识养成 3. 处理现场问题能力	1. 从指定地点领取毛坯及工具、夹具、量具 2. 检查毛坯的可加工性，分组进行零件（各工序）的加工 3. 检测工件各精度是否合格，并在规定时间内完成加工	1. 分发综合件5、6的毛坯及相应工具、刀具 2. 检查程序是否正确 3. 巡回指导和个别指导	1. 综合5、6的加工程序编制及工艺安排 2. 零件几何精度的控制方法 3. 零件加工的质量控制	1. 综合件5、6图纸、加工工艺卡 2. 安全操作规程（7S管理） 3. 《简明机械手册》（中文版第二版） 4. 数控车床 5. 测量工具 6. 辅助工具	1. 机床操作 2. 综合件加工质量 3. 安全操作规范的养成 4. 工作页的完成情况	32课时	实训车间（活动二与活动三交替进行）
活动四：检验和质量分析	分析问题能力	1. 尺寸几何精度的检测 2. 小组讨论误差产生的原因并陈述 3. 评价表及工作页的填写	组织学生对综合件零件误差产生原因的分析与陈述	1. 综合件尺寸、几何精度的检测方法 2. 中级工考级辅导：零件误差产生原因 3. 填写检验、评价、分析表格	1. 误差分析报告 2. 精度检验报告 3. 评价表	1. 误差分析方法 2. 陈述的内容 3. 工作页的完成情况	4课时	一体化教室
活动五：工作总结与评价	1. 团队协作能力 2. 总结归纳能力 3. 口头表达能力 4. 汇报制作能力 5. 撰写报告能力 6. 客观评价能力	1. 小组或个人展示工作成果 2. 小组讨论总结 3. 工作页的填写	1. 组织学生进行展示活动和评价活动 2. 总体评价工作过程 3. 填写教学回顾，进行资料整理	1. 展示物的制作 2. 自评和老师点评 3. 撰写工作总结或者实习心得	根据各小组准备展示情况进行申报准备	1. 工作目标 2. 工作过程 3. 工作结果 4. 问题分析及改进措施 5. 工作页的完成情况	4课时	一体化教室

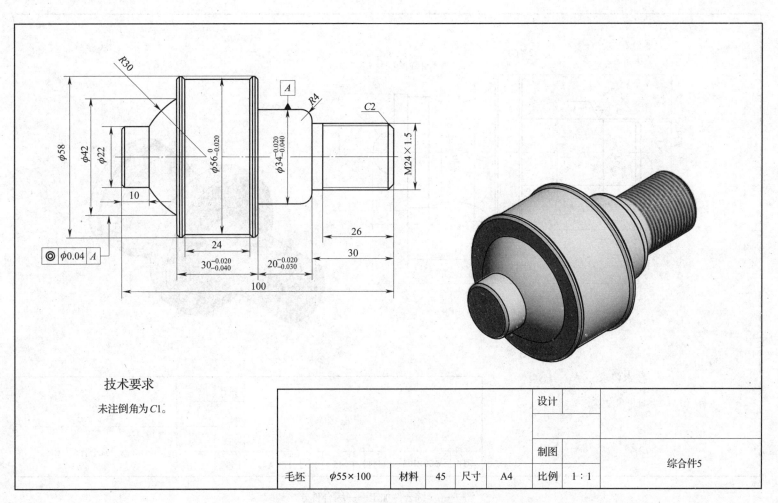

技术要求

未注倒角为C1。

设计					
					综合件5
制图					
毛坯	$\phi55\times100$	材料	45	尺寸	A4	比例	1：1

图7—5　综合件加工——综合件5

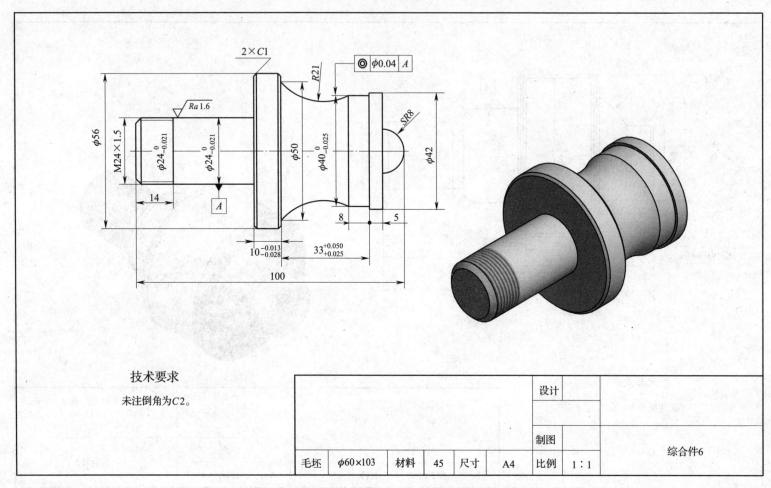

技术要求

未注倒角为C2。

							设计			
							制图			综合件6
毛坯	φ60×103	材料	45	尺寸	A4	比例	1:1			

图7—6　综合件加工——综合件6

课题八　组合件试配

（7周，每周16课时）

一、组合件试配教学任务

组合件试配

任务一
组合件1试配
（1.5周）

知识点

L1.1 机械加工精度的概念

L1.2 影响加工精度的因素

L1.3 加工表面质量的含义

L1.4 粗基准的选用

L1.5 金属的力学性能概念

L1.6 碳素钢的分类

L1.7 碳素工具钢的牌号

L1.8 优质碳素结构钢的牌号

L1.9 碳素工具钢的用途

L1.10 基准制的选用

L1.11 尺寸与偏差

L1.12 G04代码功能及格式

L1.13 G76螺纹加工指令

L1.14 标准件和常用件的规定画法

技能点

S1.15 内孔加工的排屑与冷却

S1.16 锥度试配接触面修调

S1.17 锥度试配间隙计算

综合技能：会写总结分析报告并展示、交流

任务二
组合件2试配
（1.5周）

知识点

L2.1 工艺基准的分类

L2.2 工序基准的概念

L2.3 内孔刀几何角度的选择

L2.4 内孔车削的注意事项

L2.5 铸铁的分类

L2.6 灰铸铁的组织与性能

L2.7 铁碳合金相图

L2.8 钢材退火和正火的作用

L2.9 极限尺寸与公差

L2.10 形位公差的标注（系统讲解）

L2.11 剖视图的画法（系统讲解）

L2.12 螺纹的计算

L2.13 G54~G59代码功能及格式

技能点

S2.14 内孔刀的安装

S2.15 深度千分尺的使用

S2.16 同轴度对孔轴配合的技术处理

S2.17 倒角大小对配合尺寸的处理

综合技能：会写总结分析报告并展示、交流

任务三
组合件3试配
（1.5周）

知识点

L3.1 车孔的方法

L3.2 影响孔加工精度的因素

L3.3 钢材淬火的作用

L3.4 钢材回火的作用

L3.5 公差等级代号

L3.6 配合及其选用

L3.7 螺纹代号与螺纹标记

L3.8 螺纹基本几何要素

L3.9 G75指令格式与应用

L3.10 车槽刀参数的选择

L3.11 螺纹的测量与误差分析

L3.12 刀具切削部分几何形状

L3.13 切削运动原理

L3.14 金属切削过程

技能点

S3.15 内径千分尺的使用

综合技能：会写总结分析报告并展示、交流

任务四
组合件4、5试配
（2.5周）

知识点

L4.1 职业道德的基本定义和特征

L4.2 职业道德与企业发展

L4.3 职业道德修养

L4.4 数控车工职业守则

L4.5 岗位质量要求

L4.6 企业的质量方针

L4.7 岗位的质量保证措施与责任

L4.8 刀具的耐用度

L4.9 夹紧装置的要求

L4.10 夹紧力三要素

L4.11 米制与英制编程

L4.12 液压传动系统的组成

L4.13 电机基本知识

技能点

S4.14 孔轴配合和内外螺纹配合的综合处理

综合技能：会写总结分析报告并展示、交流

任务总结

二、组合件试配教学活动

1. 任务导入

表 8—1 　　　　　　　　　　　　　　　　组合件试配学习任务描述

一体化课程名称	数控车一体化		
任务名称	组合件试配	任务学时	112 课时
任务情境	数控车专业学生训练毛坯及加工要求见图 8—1 ~ 图 8—5。学生在教师指导下到生产主管处领取加工任务单，分析任务单和图样，明确任务要求后查阅和学习相关资料，编制加工工艺，依照规定领取所需的工具、量具、夹具、刀具等。在教师或者生产主管所审定的时间内，安全规范地完成组合件试配任务。如果学生能按教师要求严格执行每个工作步骤，证明学生已掌握零件综合加工技能。		
学习目标	1. 能独立阅读组合件各零件、工序图样和生产任务单，明确工时、毛坯、加工数量等要求，明确所加工零件的形状、技术要求和基本工作用途。 2. 能按要求查阅相关资料并计算，明确加工技术要求和加工工艺。 3. 能根据零件材料和形状特征，合理选择和使用工具、量具、刀具。 4. 能根据现场条件，通过学习做好生产所需的工具、量具、夹具、辅件及切削液的准备和整理。 5. 能根据零件材料、刀具材料、加工性质等因素，查阅切削手册，独立编写好加工程序，并调整机床进行生产。 6. 在加工零件过程中，能严格按照操作规程操作数控车床和使用工具、量具、刀具，按工艺进行切削；根据切削状态调整切削用量，保证正常切削；适时检测，保证加工精度。 7. 能进行自检，判断零件是否达到考级水平，分析自己还欠缺哪些知识。 8. 能按车间现场管理规定（7S），正确放置零件、工具、量具、刀具等生产物品。 9. 能按产品工艺流程和车间要求，进行产品交接并确认。 10. 能按车间规定填写交接班记录等各项生产记录。 11. 能主动获取有效信息，展示工作成果，对学习与工作进行总结反思，不断积累经验，学习解决问题的方法。 12. 能与他人合作，进行有效沟通，协调小组角色分工，进行团队协作，解决实际问题。 13. 能够严格遵守各项规章制度和安全生产要求，形成不打折扣地执行工作任务的工作素养。		

一体化课程名称		数控车一体化	
任务名称	组合件试配	任务学时	112 课时
学习内容	1. 7S 现场管理知识及数控车床安全操作规程。 2. 任务单、工艺卡、检验卡、交接班记录和保养卡等技术文件的填写要求。 3. 图样中零件的形状特征识读，尺寸和所需技术要求的识读。 4. 组合件编程方法和工艺安排。 5. 制图相关知识，用 AutoCAD 绘制组合零件图。 6. 组合件综合加工试配。 7. 零件尺寸精度的控制方法及检测。 8. 零件加工的质量分析方法及改进措施。		
教学建议	设施设备（以 25 人班级为例）： 数控车床：10 ~ 12 台（配置比为 1:2）		车间要求： 1. 一体化教室：100 m²，配电满足教学需要，环保符合国家标准要求。 2. 数控车实训车间：200 m²，配电满足教学需要，环保符合国家标准要求。
	教学组织形式建议： 1. 教师组织学生穿戴好工作服、胸卡集合，进行安全教育后方可进入实习车间学习。 2. 人均操作机床时间应不少于总学时的 50%。 3. 根据学习任务活动环节和作业分工，教师安排学生编程和操作交叉进行。（可采用引导文的形式组织教学） 4. 以情景模拟的形式，教师安排学生扮演角色，从工具仓库领取工具、量具、夹具、刀具并交付及归还等。 5. 学生要学会对自己的工件进行客观的自评。 6. 教师组织学生以小组或个人形式，向全班展示、汇报学习成果。		
	教学注意要点： 1. 本任务不需要每人或每个小组都采用同样的加工工艺，在保证加工安全的前提下，可以自由编写自己的加工工艺或答案。 2. 各小组成员需独立完成自己的学习课题，而不是以小组为单位，避免小组内仅有几位同学参与。 3. 全班同学轮流与他人合作组成小组（不是固定的学习小组），有更多的机会与他人合作，培养学生团队合作能力。 4. 学生完成编程及填好工艺卡并经老师检查合格后方可操作机床加工。		

2. 组合件 1 试配教学活动

表 8—2 　　　　　　　　　　　　　任务一　组合件 1 试配教学活动策划表（图 8—1 ）

教学活动	关键能力	学生学习活动	教师活动	学习内容	教学资源	考核评价点	学时	教学地点
活动一：工作任务和工艺分析	1. 收集、归类相关信息的能力 2. 资料查阅、阅读能力 3. 任务单和组合件工艺分析能力 4. 沟通交流能力	1. 组合件 1 试配工艺分析 2. 查阅相关资料完成工作页的填写 3. 小组讨论学习	1. 提供组合件 1 图纸 2. 布置相关信息收集任务 3. 几何公差的分析 4. 组织学生独立完成工作页及分组讨论	1. 机械加工精度的概念 2. 影响加工精度的因素 3. 加工表面质量的含义 4. 粗基准的选用 5. 金属的力学性能概念 6. 碳素钢的分类 7. 基准制的选用	1. 互联网 2. 《数控工艺编程与操作》教材 3. 组合件 1 图纸、工艺卡	1. 信息收集 2. 专业术语使用 3. 独立完成工作页及分组讨论学习情况	4 课时	一体化教室
活动二：技能学习与加工准备	1. 资料查阅能力 2. 协调能力 3. 安全意识 4. 工作统筹能力	1. 编制加工程序 2. 工作页的填写 3. 加工程序和加工工艺卡的填写	1. 参与小组讨论并确定加工程序 2. 检查加工程序是否合格	1. 形状、尺寸和技术要求的识读 2. 组合件试配工艺分析及编程知识 3. AutoCAD 软件中坐标节点的查询方法	1. 组合件 1 图纸、工艺卡 2. 数控车床 3. 工具、量具、刀具 4. 辅助工具	1. 刀具的正确选择 2. 切削用量的正确选择 3. 工作页的完成情况	2 课时	一体化教室、实训车间（活动二与活动三交替进行）

续表

教学活动	关键能力	学生学习活动	教师活动	学习内容	教学资源	考核评价点	学时	教学地点
活动三：组合件试配	1. 独立操作能力 2. 规范意识养成 3. 处理现场问题能力	1. 从指定地点领取毛坯及工具、夹具、量具 2. 检查毛坯的可加工性，分组进行组合件1试配 3. 检测尺寸是否合格，并在规定时间内完成加工	1. 分发组合件1毛坯及相应工具、刀具 2. 检查程序是否正确 3. 巡回指导和个别指导	1. 学习组合件1加工编程方法和工艺安排 2. 零件尺寸精度的控制方法 3. 零件加工的质量分析方法及改进措施 4. 内孔加工的排屑与冷却 5. 锥度试接触面修调 6. 锥度试配间隙计算	1. 组合件1图纸、加工工艺卡 2. 安全操作规程（7S管理） 3.《简明机械手册》（中文版第二版） 4. 数控车床 5. 测量工具 6. 辅助工具	1. 组合件加工过程 2. 组合件加工质量 3. 安全操作规范的养成 4. 工作页的完成情况	10课时	实训车间（活动二与活动三交替进行）
活动四：检验和质量分析	分析问题能力	1. 组合件精度的检测 2. 小组讨论误差产生的原因并陈述 3. 评价表及工作页的填写	组织小组进行组合件1尺寸、配合尺寸误差产生原因的分析与陈述	1. 组合件尺寸、配合尺寸的检测方法 2. 组合件误差产生原因 3. 填写检验、评价、分析表格	1. 误差分析报告 2. 精度检验报告 3. 评价表	1. 误差分析方法 2. 陈述的内容 3. 工作页的完成情况	4课时	一体化教室
活动五：工作总结与评价	1. 团队协作能力 2. 总结归纳能力 3. 口头表达能力 4. 汇报制作能力 5. 撰写报告能力 6. 客观评价能力	1. 小组或个人展示工作成果 2. 小组讨论总结 3. 工作页的填写	1. 组织学生进行展示活动和评价活动 2. 总体评价工作过程 3. 填写教学回顾，进行资料整理	1. 展示物的制作 2. 自评和老师点评 3. 工作情况汇总 4. 撰写工作总结或者实习心得	根据各小组准备展示情况进行申报准备	1. 工作目标 2. 工作过程 3. 工作结果 4. 问题分析及改进措施 5. 工作页的完成情况	4课时	一体化教室

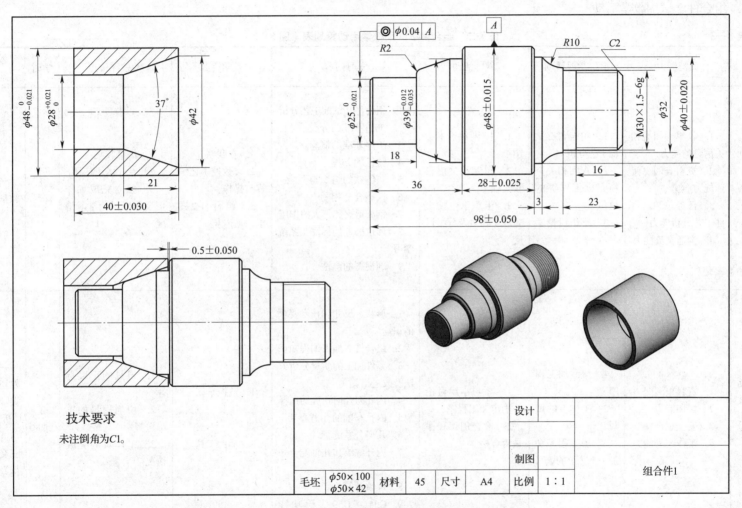

技术要求

未注倒角为C1。

毛坯	φ50×100 φ50×42	材料	45	尺寸	A4	比例	1：1	组合件1
设计								
制图								

图 8—1 组合件试配——组合件 1

3. 组合件 2 试配教学活动

表 8—3　　　　　　　　　　　　　　　任务二　组合件 2 试配教学活动策划表（图 8—2）

教学活动	关键能力	学生学习活动	教师活动	学习内容	教学资源	考核评价点	学时	教学地点
活动一：工作任务和工艺分析	1. 收集、归类相关信息的能力 2. 资料查阅、阅读能力 3. 任务单和组合件工艺分析能力 4. 沟通交流能力	1. 组合件 2 试配工艺分析 2. 查阅相关资料完成工作页的填写 3. 小组讨论学习	1. 提供组合件 2 图纸 2. 布置相关信息收集任务 3. 组织学生独立完成工作页及分组讨论	1. 组合件 2 试配工艺分析 2. 工艺基准的分类 3. 工序基准的概念 4. 铸铁的分类 5. 灰铸铁的组织与性能 6. 铁碳合金相图 7. 钢材退火和正火的作用 8. 形位公差的标注（系统学习） 9. 剖视图的画法	1. 互联网 2.《数控工艺编程与操作》教材 3. 组合件 2 图纸、工艺卡	1. 信息收集 2. 专业术语使用 3. 独立完成工作页及分组讨论学习情况	4 课时	一体化教室
活动二：技能学习与加工准备	1. 资料查阅能力 2. 协调能力 3. 安全意识 4. 工作统筹能力	1. 编制加工程序 2. 工作页的填写 3. 加工程序和加工工艺卡的填写	1. 参与小组讨论并确定加工程序 2. 检查加工程序是否合格	1. 形状、尺寸和技术要求的识读 2. 组合件 2 加工编程知识 3. 零件加工的质量分析方法及改进措施 4. 内孔刀几何角度的选择 5. 内孔车削的注意事项 6. 几何公差的标注 7. 内外螺纹和孔轴配合知识 8. 螺纹计算 9. G54 ~ G59 代码功能及格式	1. 数控车床 2. 工具、量具、刀具 3. 辅助工具	1. 刀具的正确选择 2. 切削用量的正确选择 3. 工作页的完成情况	2 课时	一体化教室、实训车间（活动二与活动三交替进行）

续表

教学活动	关键能力	学生学习活动	教师活动	学习内容	教学资源	考核评价点	学时	教学地点
活动三：组合件试配	1. 独立操作能力 2. 规范意识养成 3. 处理现场问题能力	1. 从指定地点领取毛坯及工具、夹具、量具 2. 检查毛坯的可加工性，分组进行组合件2试配 3. 检测尺寸是否合格，并在规定时间内完成加工	1. 分发组合件2毛坯及相应工具、刀具 2. 检查程序是否正确 3. 巡回指导和个别指导	1. 内孔加工的排屑与冷却 2. 内孔刀的安装 3. 深度千分尺的使用 4. 同轴度对孔轴配合的技术处理 5. 倒角大小对配合尺寸的处理	1. 安全操作规程（7S管理） 2. 《简明机械手册》（中文版第二版） 3. 数控车床 4. 测量工具 5. 辅助工具	1. 组合件加工操作过程 2. 组合件加工质量 3. 安全操作规范的养成 4. 工作页的完成情况	10课时	实训车间（活动二与活动三交替进行）
活动四：检验和质量分析	分析问题能力	1. 组合件精度的检测 2. 小组讨论误差产生的原因并陈述 3. 评价表及工作页的填写	组织小组进行组合件2尺寸、配合尺寸误差产生原因的分析与陈述	1. 组合件2尺寸、配合尺寸的检测方法 2. 组合件误差产生原因 3. 填写检验、评价、分析表格	1. 误差分析报告 2. 精度检验报告 3. 评价表	1. 误差分析方法 2. 陈述的内容 3. 工作页的完成情况	4课时	一体化教室
活动五：工作总结与评价	1. 团队协作能力 2. 总结归纳能力 3. 口头表达能力 4. 汇报制作能力 5. 撰写报告能力 6. 客观评价能力	1. 小组或个人展示工作成果 2. 小组讨论总结 3. 工作页的填写	1. 组织学生进行展示活动和评价活动 2. 总体评价工作过程 3. 填写教学回顾，进行资料整理	1. 展示物的制作 2. 自评和老师点评 3. 工作情况汇总 4. 撰写工作总结或者实习心得	根据各小组准备展示情况进行申报准备	1. 工作目标 2. 工作过程 3. 工作结果 4. 问题分析及改进措施 5. 工作页的完成情况	4课时	一体化教室

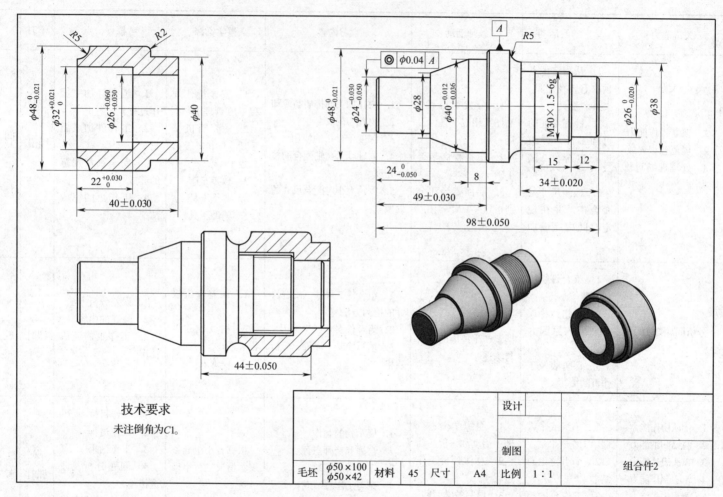

技术要求

未注倒角为C1。

毛坯	φ50×100 φ50×42	材料	45	尺寸	A4	比例	1:1	组合件2
设计								
制图								

图8—2 组合件试配——组合件2

4. 组合件 3 试配教学活动

表 8—4　　　　　　　　　　任务三　　组合件 3 试配教学活动策划表（图 8—3）

教学活动	关键能力	学生学习活动	教师活动	学习内容	教学资源	考核评价点	学时	教学地点
活动一：工作任务和工艺分析	1. 收集、归类相关信息的能力 2. 资料查阅、阅读能力 3. 任务单和组合件工艺分析能力 4. 沟通交流能力	1. 组合件 3 试配工艺分析 2. 查阅相关资料完成工作页的填写 3. 小组讨论学习	1. 提供组合件 3 图纸 2. 布置相关信息收集任务 3. 组织学生独立完成工作页及分组讨论	1. 形状、尺寸和技术要求的识读 2. 钢材淬火、回火的作用 3. 公差等级代号 4. 配合公差及选用 5. 切削运动的原理 6. 金属切削过程 7. 刀切削部分几何形状	1. 互联网 2.《数控工艺编程与操作》教材 3. 组合件 3 图纸、工艺卡	1. 信息收集 2. 专业术语使用 3. 独立完成工作页及分组讨论学习情况	4 课时	一体化教室
活动二：技能学习与加工准备	1. 资料查阅能力 2. 协调能力 3. 安全意识 4. 工作统筹能力	1. 编制加工程序 2. 工作页的填写 3. 加工程序和加工工艺卡的填写	1. 参与小组讨论并确定加工程序 2. 检查加工程序是否合格	1. 影响孔加工精度的因素 2. 配合及其选用 3. G75 指令格式与应用 4. 车槽刀参数的选择 5. 螺纹的测量与误差分析 6. 螺纹基本几何要素 7. 螺纹代号与螺纹标记 8. 编程加工方法和工艺安排	1. 组合件 3 图纸、工艺卡 2. 数控车床 3. 工具、量具、刀具 4. 辅助工具	1. 刀具的正确选择 2. 切削用量的正确选择 3. 工作页的完成情况	2 课时	一体化教室、实训车间（活动二与活动三交替进行）

续表

教学活动	关键能力	学生学习活动	教师活动	学习内容	教学资源	考核评价点	学时	教学地点
活动三：组合件的试配	1. 独立操作能力 2. 规范意识养成 3. 处理现场问题能力	1. 从指定地点领取毛坯及工具、夹具、量具 2. 检查毛坯的可加工性，分组进行组合件3试配 3. 检测尺寸是否合格，并在规定时间内完成加工	1. 分发组合件3毛坯及相应工具、刀具 2. 检查程序是否正确 3. 巡回指导和个别指导	1. 组合件尺寸几何精度的控制方法 2. 内径千分尺的使用 3. 螺纹的测量与误差分析 4. 内外螺纹配合端面长度控制	1. 组合件3图纸、工艺卡 2. 安全操作规程（7S管理） 3.《简明机械手册》（中文版第二版） 4. 数控车床 5. 测量工具 6. 辅助工具	1. 组合件加工操作过程 2. 组合件加工质量 3. 安全操作规范的养成 4. 工作页的完成情况	10课时	实训车间（活动二与活动三交替进行）
活动四：检验和质量分析	分析问题能力	1. 尺寸精度的检测 2. 小组讨论误差产生的原因并陈述 3. 评价表及工作页的填写	组织小组进行组合件3尺寸、配合尺寸误差产生原因的分析与陈述	1. 组合件尺寸、配合尺寸的检测方法 2. 组合件误差产生原因 3. 填写检验、评价、分析表格	1. 误差分析报告 2. 精度检验报告 3. 评价表	1. 误差分析方法 2. 陈述的内容 3. 工作页的完成情况	4课时	一体化教室
活动五：工作总结与评价	1. 团队协作能力 2. 总结归纳能力 3. 口头表达能力 4. 汇报制作能力 5. 撰写报告能力 6. 客观评价能力	1. 小组或个人展示工作成果 2. 小组讨论总结 3. 工作页的填写	1. 组织学生进行展示活动和评价活动 2. 总体评价工作过程 3. 填写教学回顾，进行资料整理	1. 展示物的制作 2. 自评和老师点评 3. 工作情况汇总 4. 撰写工作总结或者实习心得	根据各小组准备展示情况进行申报准备	1. 工作目标 2. 工作过程 3. 工作结果 4. 问题分析及改进措施 5. 工作页的完成情况	4课时	一体化教室

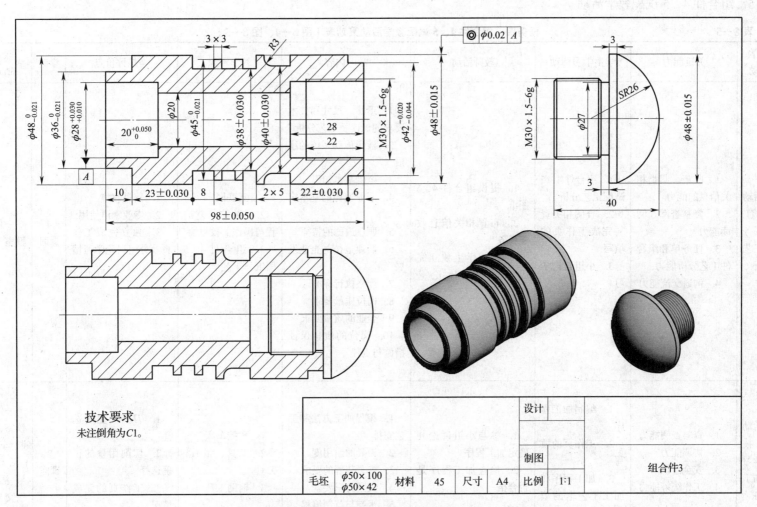

技术要求

未注倒角为C1。

毛坯	$\phi50\times100$ $\phi50\times42$	材料	45	尺寸	A4	比例	1:1	组合件3
		设计						
		制图						

图 8—3　组合件试配——组合件3

5. 组合件 4、5 试配教学活动

表 8—5　　　　　　　　　　任务四　组合件 4、5 试配教学活动策划表（图 8—4、图 8—5）

教学活动	关键能力	学生学习活动	教师活动	学习内容	教学资源	考核评价点	学时	教学地点
活动一：工作任务及工艺分析	1. 收集、归类相关信息的能力 2. 资料查阅、阅读能力 3. 任务单和组合件工艺分析能力 4. 沟通交流能力	1. 组合件 4、5 试配工艺分析 2. 查阅相关资料完成工作页的填写 3. 小组讨论学习	1. 提供组合件 4、5 图纸 2. 布置相关信息收集任务 3. 组织学生独立完成工作页及分组讨论	1. 形状、尺寸和技术要求的识读及工艺分析 2. 液压传动系统的组成 3. 电机基本知识 4. 职业道德的基本定义 5. 职业道德的特征 6. 职业道德与企业发展 7. 严格执行标准 8. 岗位质量要求 9. 企业的质量要求 10. 岗位的质量保证措施与责任	1. 互联网 2.《数控工艺编程与操作》教材 3. 组合件 4、5 图纸、工艺卡	1. 信息收集 2. 专业术语使用 3. 独立完成工作页及分组讨论学习情况	4 课时	一体化教室
活动二：技能学习与加工准备	1. 资料查阅能力 2. 协调能力 3. 安全意识 4. 工作统筹能力	1. 编制加工程序 2. 工作页的填写 3. 加工程序和加工工艺卡的填写	1. 参与小组讨论并确定加工程序 2. 检查加工程序是否合格	1. 编程加工方法和工艺安排 2. 刀具的耐用度 3. 夹紧装置的要求 4. 夹紧力三要素 5. 米制与英制编程	1. 数控车床 2. 工具、量具、刀具 3. 辅助工具	1. 刀具的正确选择 2. 切削用量的正确选择 3. 工作页的完成情况	2 课时	一体化教室、实训车间（活动二与活动三交替进行）

续表

教学活动	关键能力	学生学习活动	教师活动	学习内容	教学资源	考核评价点	学时	教学地点
活动三：组合件的试配	1. 独立操作能力 2. 规范意识养成 3. 处理现场问题能力	1. 从指定地点领取毛坯及工具、夹具、量具 2. 检查毛坯的可加工性，分组进行组合件4、5试配 3. 检测尺寸是否合格，并在规定时间内完成加工	1. 分发组合件4、5毛坯及相应工具、刀具 2. 检查程序是否正确 3. 巡回指导和个别指导	1. 组合件4、5几何尺寸精度的控制方法 2. 组合件4、5加工的质量分析方法及改进措施 3. 孔轴配合和内外螺纹配合的综合处理	1. 安全操作规程（7S管理） 2. 《简明机械手册》（中文版第二版） 3. 数控车床 4. 测量工具 5. 辅助工具	1. 组合件加工操作过程 2. 组合件加工质量 3. 安全操作规范的养成 4. 工作页的完成情况	26课时	实训车间（活动二与活动三交替进行）
活动四：检验和质量分析	分析问题能力	1. 组合件精度的检测 2. 小组讨论误差产生的原因并陈述 3. 评价表及工作页的填写	组织小组进行组合件4、5尺寸、配合尺寸误差产生原因的分析与陈述	1. 组合件4、5尺寸、配合尺寸的检测方法 2. 组合件4、5误差产生原因 3. 填写检验、评价、分析表格	1. 误差分析报告 2. 精度检验报告 3. 评价表	1. 误差分析方法 2. 陈述的内容 3. 工作页的完成情况	4课时	一体化教室
活动五：工作总结与评价	1. 团队协作能力 2. 总结归纳能力 3. 口头表达能力 4. 汇报制作能力 5. 撰写报告能力 6. 客观评价能力	1. 小组或个人展示工作成果 2. 小组讨论总结 3. 工作页的填写	1. 组织学生进行展示活动和评价活动 2. 总体评价工作过程 3. 填写教学回顾，进行资料整理	1. 展示物的制作 2. 自评和老师点评 3. 工作情况汇总 4. 撰写工作总结或者实习心得	根据各小组准备展示情况进行申报准备	1. 工作目标 2. 工作过程 3. 工作结果 4. 问题分析及改进措施 5. 工作页的完成情况	4课时	一体化教室

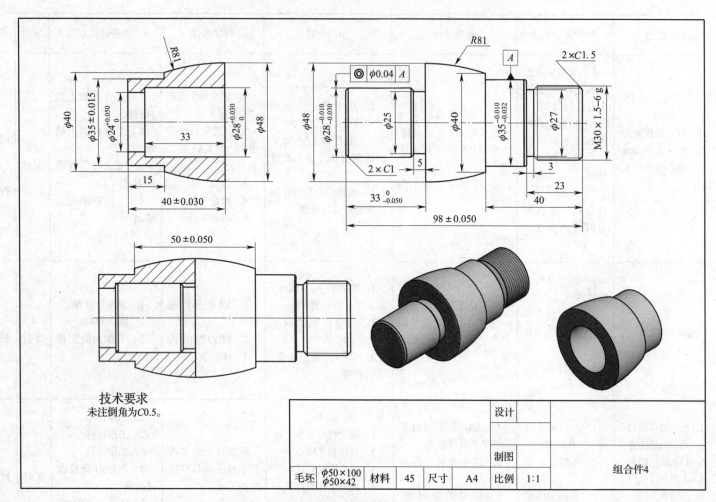

技术要求

未注倒角为C0.5。

					设计			
					制图			组合件4
毛坯	$\phi50\times100$ $\phi50\times42$	材料	45	尺寸	A4	比例	1:1	

图 8—4 组合件试配——组合件 4

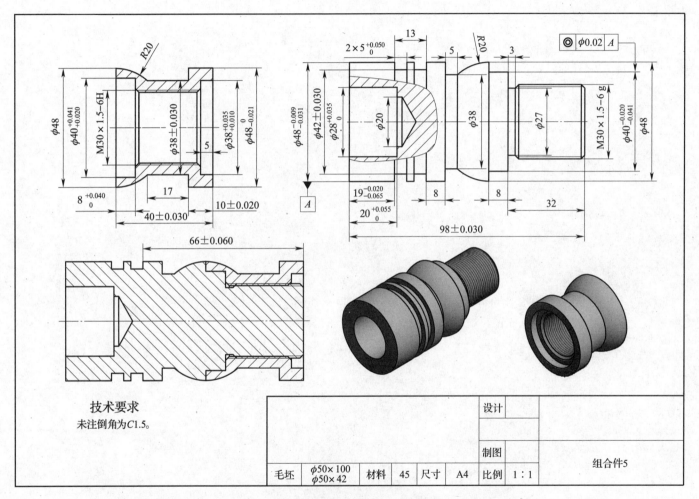

技术要求

未注倒角为C1.5。

毛坯	$\phi 50 \times 100$ $\phi 50 \times 42$	材料	45	尺寸	A4	比例	1 : 1	组合件5
				设计				
				制图				

图 8—5　组合件试配——组合件 5

数控车 / 铣组合一体化

课题九　平口钳的制作

（10周，每周16课时）

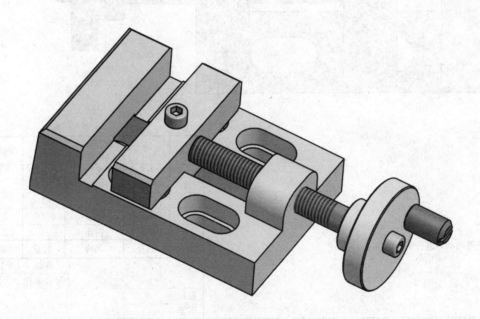

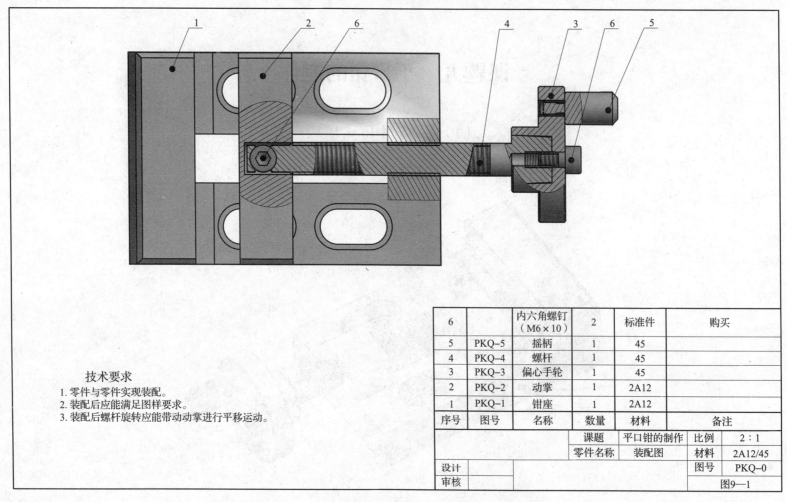

技术要求
1. 零件与零件实现装配。
2. 装配后应能满足图样要求。
3. 装配后螺杆旋转应能带动动掌进行平移运动。

6		内六角螺钉（M6×10）	2	标准件	购买
5	PKQ–5	摇柄	1	45	
4	PKQ–4	螺杆	1	45	
3	PKQ–3	偏心手轮	1	45	
2	PKQ–2	动掌	1	2A12	
1	PKQ–1	钳座	1	2A12	
序号	图号	名称	数量	材料	备注
			课题	平口钳的制作	比例	2∶1
			零件名称	装配图	材料	2A12/45
设计					图号	PKQ–0
审核						图9—1

图 9—1　平口钳的制作——装配图

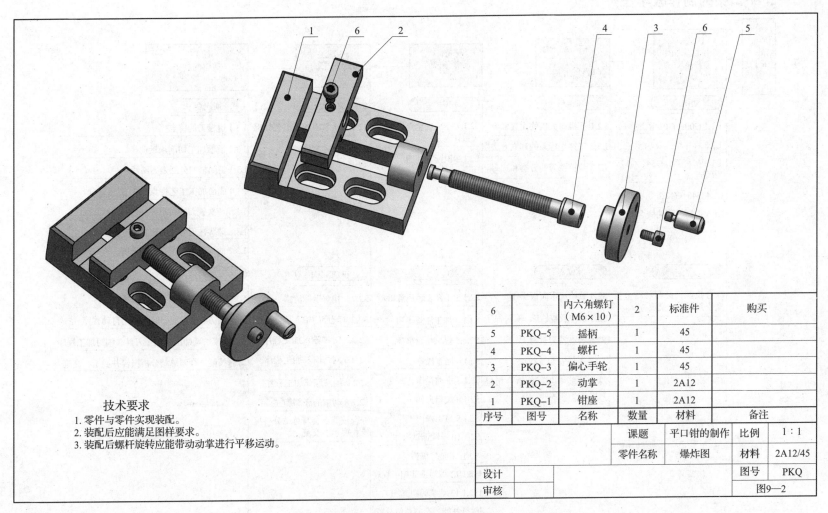

技术要求

1. 零件与零件实现装配。
2. 装配后应能满足图样要求。
3. 装配后螺杆旋转应能带动动掌进行平移运动。

6		内六角螺钉（M6×10）	2	标准件	购买
5	PKQ-5	摇柄	1	45	
4	PKQ-4	螺杆	1	45	
3	PKQ-3	偏心手轮	1	45	
2	PKQ-2	动掌	1	2A12	
1	PKQ-1	钳座	1	2A12	
序号	图号	名称	数量	材料	备注
		课题	平口钳的制作	比例	1：1
		零件名称	爆炸图	材料	2A12/45
设计				图号	PKQ
审核				图9—2	

图 9—2　平口钳的制作——爆炸图

一、平口钳的制作教学任务

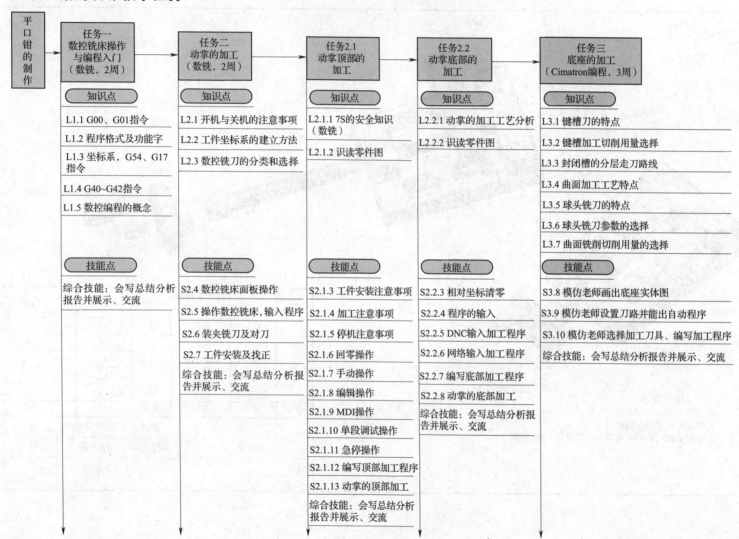

平口钳的制作 → **任务一 数控铣床操作与编程入门（数铣，2周）** → **任务二 动掌的加工（数铣，2周）** → **任务2.1 动掌顶部的加工** → **任务2.2 动掌底部的加工** → **任务三 底座的加工（Cimatron编程，3周）**

任务一 知识点

L1.1 G00、G01指令

L1.2 程序格式及功能字

L1.3 坐标系，G54、G17指令

L1.4 G40~G42指令

L1.5 数控编程的概念

任务一 技能点

综合技能：会写总结分析报告并展示、交流

任务二 知识点

L2.1 开机与关机的注意事项

L2.2 工件坐标系的建立方法

L2.3 数控铣刀的分类和选择

任务二 技能点

S2.4 数控铣床面板操作

S2.5 操作数控铣床，输入程序

S2.6 装夹铣刀及对刀

S2.7 工件安装及找正

综合技能：会写总结分析报告并展示、交流

任务2.1 知识点

L2.1.1 7S的安全知识（数铣）

L2.1.2 识读零件图

任务2.1 技能点

S2.1.3 工件安装注意事项

S2.1.4 加工注意事项

S2.1.5 停机注意事项

S2.1.6 回零操作

S2.1.7 手动操作

S2.1.8 编辑操作

S2.1.9 MDI操作

S2.1.10 单段调试操作

S2.1.11 急停操作

S2.1.12 编写顶部加工程序

S2.1.13 动掌的顶部加工

综合技能：会写总结分析报告并展示、交流

任务2.2 知识点

L2.2.1 动掌的加工工艺分析

L2.2.2 识读零件图

任务2.2 技能点

S2.2.3 相对坐标清零

S2.2.4 程序的输入

S2.2.5 DNC输入加工程序

S2.2.6 网络输入加工程序

S2.2.7 编写底部加工程序

S2.2.8 动掌的底部加工

综合技能：会写总结分析报告并展示、交流

任务三 知识点

L3.1 键槽刀的特点

L3.2 键槽加工切削用量选择

L3.3 封闭槽的分层走刀路线

L3.4 曲面加工工艺特点

L3.5 球头铣刀的特点

L3.6 球头铣刀参数的选择

L3.7 曲面铣削切削用量的选择

任务三 技能点

S3.8 模仿老师画出底座实体图

S3.9 模仿老师设置刀路并能出自动程序

S3.10 模仿老师选择加工刀具、编写加工程序

综合技能：会写总结分析报告并展示、交流

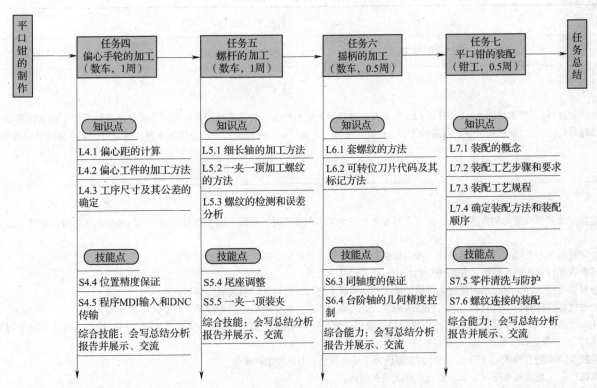

注：任务一是手工编程，任务二是自动编程。手工编程时单独学习两周编程入门知识，再进行机床操作；自动编程时边学习边加工，画出实体图，设置刀路及自动程序就可进行传输加工。

二、平口钳的制作教学活动

1. 任务导入

表 9—1
平口钳的制作学习任务描述

一体化课程名称	数控车 / 铣组合一体化		
任务名称	平口钳的制作	学习任务学时	160 课时
任务情境	平口钳综合件加工要求见图 9—1、图 9—2，学生在教师指导下到生产主管处领取加工任务单，分析任务单和图样，明确任务要求后查阅和学习相关资料，编制加工工艺，依照规定领取所需的工具、量具、夹具、刀具等。在教师或者生产主管所审定的时间内，安全规范地完成平口钳的制作任务。		
学习目标	1. 能独立阅读平口钳的制作各零件、工序图样和生产任务单，明确工时、毛坯、加工数量等要求，明确所加工零件的形状、技术要求和基本工作用途。 2. 能按要求学习三维软件和自动编程，查阅相关资料并计算，明确加工技术要求和加工工艺。 3. 根据零件材料和形状特征，合理选择和使用工具、量具、刀具。 4. 能根据现场条件，通过学习做好生产所需的工具、量具、夹具、辅件及切削液的准备和整理。 5. 能根据零件材料、刀具材料、加工性质等因素，查阅切削手册，独立编写好加工程序，调整机床进行加工。 6. 在加工零件过程中，能严格按照操作规程操作数控机床和使用工具、量具、刀具，按工艺进行切削；根据切削状态调整切削用量，保证正常切削；适时检测，保证加工精度。 7. 能按车间现场管理规定（7S），正确放置零件、工具、量具、刀具等生产物品。 8. 能按产品工艺流程和车间要求，进行产品交接并确认。 9. 能按车间规定填写交接班记录等各项生产记录。 10. 能主动获取有效信息，展示工作成果，对学习与工作进行总结反思，不断总结经验，学习解决问题的方法。 11. 能与他人合作，进行有效沟通，协调小组角色分工，进行团队协作，解决实际问题。 12. 能够严格遵守各项规章制度和安全生产要求，形成不打折扣地执行工作任务的工作素养。		

续表

一体化课程名称		数控车／铣组合一体化	
任务名称	平口钳的制作	学习任务学时	160 课时

学习内容	1. 7S 现场管理知识及数控车床、数控铣床安全操作规程。 2. 任务单、工艺卡、检验卡、交接班记录和保养卡等技术文件的填写要求。 3. 图样中的零件的形状识读，尺寸和所需技术要求的识读。 4. 数控铣床的手工编程方法和工艺安排。 5. 三维绘图（Cimatron）相关知识，设置加工刀路及自动编程，平口钳加工。 6. 零件尺寸精度的控制方法及检测。 7. 零件加工的质量分析方法及改进措施。
教学建议	设施设备（以 25 人班级为例）： 1. 数控车床：5 ~ 6 台（配置比为 1:2）。 2. 数控铣床：5 ~ 6 台（配置比为 1:2）。 车间要求： 1. 一体化教室：100 m²，配电满足教学需要，环保符合国家标准要求。 2. 数控车 + 数控铣实训车间：200 m²，配电满足教学需要，环保符合国家标准要求。

教学组织形式建议：
1. 教师组织学生穿戴好工作服、胸卡集合，进行安全教育后方可进入实习车间学习。
2. 人均操作机床时间应不少于总学时的 50%。
3. 根据任务活动环节和作业分工，教师安排学生编程和软件学习及机床操作交叉进行。（可采用引导文的形式组织教学）
4. 以情景模拟的形式，教师安排学生扮演角色，从工具仓库领取工具、量具、夹具、刀具交付及归还工具等项目。
5. 学生要学会对自己的工件进行客观的自评。
6. 教师组织学生以小组或个人形式，向全班展示、汇报学习成果。

教学注意要点：
1. 本任务不需要每人或每个小组都采用同样的加工工艺，在保证加工安全的前提下，可以自由编写自己的程序和加工工艺。
2. 各小组成员需独立完成自己的学习任务，而不是以小组为单位，避免小组内仅有几位同学参与。
3. 全班同学轮流与他人合作组成小组（不是固定的学习小组），有更多的机会与他人合作，培养学生团队合作能力。
4. 学生完成编程及填好工艺卡并经老师检查合格后方可操作机床加工。

2. 数控铣床操作与编程入门（数铣）教学活动

表 9—2　　　　　　　　　任务一　数控铣床操作与编程入门（数铣）教学活动策划表（图 9—3）

教学活动	关键能力	学生学习活动	教师活动	学习内容	教学资源	考核评价点	学时	教学地点
活动一：工作任务及工艺分析	1. 资料查阅、阅读能力 2. 遵守纪律规范的意识 3. 沟通交流能力 4. 逻辑思维能力 5. 空间想象能力	1. 明确任务要求和工作计划 2. 学习数控铣床手工编程入门知识 3. 工作页的填写	1. 进行安全教育和 7S 管理要求说明 2. 讲授数控铣床基本编程入门知识 3. 引导学生完成工作页填写	1. 坐标系与坐标计算 2. 程序的格式与功能字 3. G01、G02 指令及其运用 4. 坐标系 G54、G17 指令及其运用 5. G40～G42 指令及其运用	1. 互联网 2. 平口钳图纸、实物和加工工艺卡 3. 《简明机械手册》（中文版第二版） 4. 国家制图标准 5. 《公差与配合手册》 6. 《数控工艺编程与操作》教材	1. 信息收集 2. 专业术语使用 3. 工作页的完成情况 4. 工作态度和纪律表现 5. 工作任务的理解程度 6. 图样的识读情况	8课时	一体化教室
活动二：技能学习与加工准备	1. 安全意识 2. 清洁整顿意识 3. 资料查阅能力 4. 观察和分析能力 5. 沟通交流能力 6. 团队协作能力 7. 制订计划能力 8. 身体协调能力 9. 统筹决策能力	1. 学习数控铣床开机、关机操作 2. 学习数控铣床的面板操作 3. 学习数控铣床的日常保养 4. 工作页的填写	1. 制作本任务涉及内容的演示课件 2. 组织学生观看操作示范 3. 抽查指导学生，纠正共性错误 4. 汇总学生学习情况，帮助学生总结操作要领	1. 数控铣床开机、关机操作 2. 数控铣床的面板操作 3. 安全防护及数控铣床日常保养要求 4. 平口钳综合件图样识读	1. 平口钳图纸 2. 平口钳加工工艺卡 3. 安全操作规程 4. 工具、量具、刀具 5. 辅助工具	1. 工作页的完成情况 2. 工作纪律与态度	4课时	一体化教室、实训车间（活动二与活动三交替进行）

续表

教学活动	关键能力	学生学习活动	教师活动	学习内容	教学资源	考核评价点	学时	教学地点
活动三：零件的仿真加工	1. 安全意识 2. 清洁整顿意识 3. 独立操作能力（技能） 4. 规范意识养成 5. 仔细、认真的工作素质 6. 遵守时间意识 7. 执行力 8. 处理现场问题能力	1. 分组进行手工编程的仿真加工 2. 工作页的填写	1. 安排学生工作岗位 2. 组织学生进行生产活动，巡回指导 3. 控制课程时间 4. 组织学生讨论学习和完成工作页	1. 平面的往复平行铣削编程 2. 轮廓的分层铣削编程 3. 平口钳仿真加工	1. 平口钳图纸 2. 平口钳加工工艺卡 3. 工具、量具、刀具清单 4. 安全操作规程 5. 清洁整顿及学习物品辅助工具	1. 安全文明生产 2. 时间控制及生产纪律表现 3. 工作页的完成情况	16课时	实训车间（活动二与活动三交替进行）
活动四：程序仿真结果的分析	1. 分析问题能力 2. 客观评价能力 3. 解决问题能力	1. 小组讨论程序错误产生的原因，思考解决措施 2. 工作页的填写	1. 组织小组进行产生错误原因的分析与陈述 2. 组织填写工作页	程序错误产生原因及对策	错误分析及改进措施报表	1. 错误分析能力 2. 工作态度及客观性 3. 工作页的完成情况	2课时	检验室
活动五：工作总结与评价	1. 团队协作能力 2. 总结归纳能力 3. 口头表达能力 4. 汇报制作能力 5. 撰写报告能力 6. 客观评价能力	1. 小组展示工作成果 2. 小组互评 3. 小组讨论总结 4. 工作页的填写	1. 组织学生进行展示活动和评价活动 2. 总体评价工作过程 3. 填写教学回顾，进行资料整理	1. 展示物的制作 2. 自评和互评 3. 工作情况汇总 4. 撰写工作总结或者实习心得	根据各小组准备展示情况进行申报准备	1. 工作目标 2. 工作过程 3. 工作结果 4. 加工方法 5. 问题分析 6. 改进措施 7. 工作页的完成情况	2课时	一体化教室

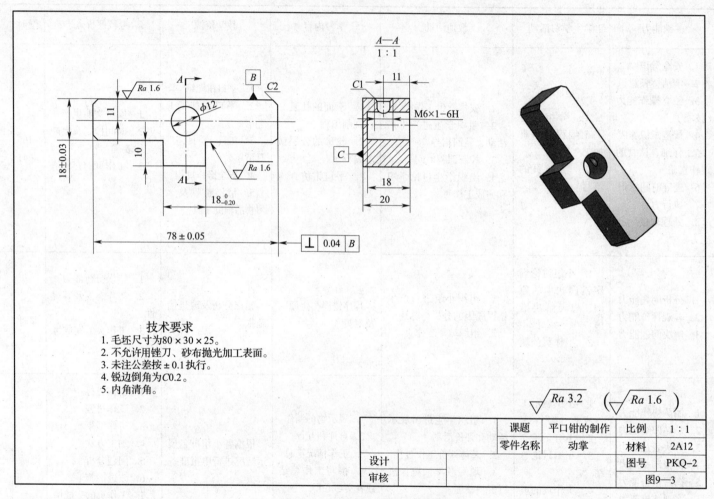

技术要求
1. 毛坯尺寸为80×30×25。
2. 不允许用锉刀、砂布抛光加工表面。
3. 未注公差按±0.1执行。
4. 锐边倒角为C0.2。
5. 内角清角。

		课题	平口钳的制作	比例	1:1
		零件名称	动掌	材料	2A12
设计				图号	PKQ-2
审核					图9-3

图9—3 平口钳的制作——动掌

3．动掌的加工（数铣）教学活动

表 9—3　　　　　　　　　　　　　　　　　任务二　动掌的加工（数铣）教学活动策划表（图 9—3）

教学活动	关键能力	学生学习活动	教师活动	学习内容	教学资源	考核评价点	学时	教学地点
活动一：工作任务及工艺分析	1. 收集、归类相关信息的能力 2. 资料查阅、阅读能力 3. 任务单和工艺分析能力 4. 沟通交流能力	1. 平口钳动掌加工工艺分析 2. 查阅相关资料完成工作页的填写 3. 小组讨论学习	1. 提供／分发平口钳综合合件图纸 2. 组织学生独立完成工作页及分组讨论 3. 布置平口钳综合件相关信息收集任务 4. 平口钳装配图的识读及分析	1. 生产任务单的阅读 2. 动掌的加工工艺分析与工艺路线的制定 3. 数控铣刀的分类和选择 4. 工件坐标系建立方法	1. 互联网 2.《数控工艺编程与操作》教材 3. 平口钳综合件图纸、工艺卡	1. 信息收集 2. 专业术语使用 3. 独立完成工作页及分组讨论学习情况	2课时	一体化教室
活动二：技能学习与加工准备	1. 资料查阅能力 2. 协调能力 3. 安全意识 4. 工作统筹能力	1. 编制加工程序 2. 工作页的填写 3. 加工程序和加工工艺卡的填写	1. 参与小组讨论并确定加工程序 2. 检查加工程序是否合格	1. 形状、尺寸和技术要求的识读 2. 动掌加工工艺分析及编程知识 3. 数控铣床面板操作 4. 数控铣床开机、关机的注意事项	1. 平口钳动掌图纸、工艺卡 2. 数控铣床 3. 工具、量具、刀具 4. 辅助工具	工作页的完成情况	10课时	一体化教室、实训车间（活动二与活动三交替进行）

续表

教学活动	关键能力	学生学习活动	教师活动	学习内容	教学资源	考核评价点	学时	教学地点
活动三：零件的加工	1. 独立操作能力 2. 规范意识养成 3. 处理现场问题能力	1. 从指定地点领取毛坯及工具、夹具、量具 2. 检查毛坯的可加工性，分组进行零件（各工序）加工 3. 检测尺寸是否合格，并在规定时间内完成加工	1. 分发动掌毛坯及相应工具、刀具 2. 检查程序是否正确 3. 巡回指导和个别指导	1. 动掌的编程方法（手工编程和自动编程）及工艺安排 2. 工件安装及找正 3. 装夹铣刀及对刀	1. 动掌图纸、加工工艺卡 2. 安全操作规程（7S 管理） 3.《简明机械手册》（中文版第二版） 4. 数控铣床 5. 测量工具 6. 辅助工具	1. 机床操作 2. 动掌加工质量 3. 安全操作规范的养成 4. 工作页的完成情况	16课时	实训车间（活动二与活动三交替进行）
活动四：检验和质量分析	分析问题能力	1. 精度的检测 2. 小组讨论误差产生的原因并陈述 3. 评价表及工作页的填写	1. 组织小组进行平口钳动掌零件误差产生原因的分析与陈述 2. 填写检验、评价、分析表格	1. 零件尺寸的检测方法 2. 零件误差产生原因分析 3. 零件加工的质量分析方法及改进措施	1. 误差分析报告 2. 精度检验报告 3. 评价表	1. 误差分析方法 2. 陈述的内容 3. 工作页的完成情况	2课时	一体化教室
活动五：工作总结与评价	1. 团队协作能力 2. 总结归纳能力 3. 口头表达能力 4. 汇报制作能力 5. 撰写报告能力 6. 客观评价能力	1. 小组或个人展示工作成果 2. 小组讨论总结 3. 工作页的填写	1. 组织学生进行展示活动和评价活动 2. 总体评价工作过程 3. 填写教学回顾，进行资料整理	1. 展示物的制作 2. 自评和老师点评 3. 工作情况汇总 4. 撰写工作总结或者实习心得	根据各小组准备展示情况进行申报准备	1. 工作目标 2. 工作过程 3. 工作结果 4. 问题分析及改进措施 5. 工作页的完成情况	2课时	一体化教室

4. 底座的加工教学活动

表9—4　　　　　　　　　　　　任务三　底座的加工教学活动策划表（图9—4）

教学活动	关键能力	学生学习活动	教师活动	学习内容	教学资源	考核评价点	学时	教学地点
活动一：工作任务及工艺分析	1. 资料查阅、阅读能力 2. 遵守纪律规范的意识 3. 沟通交流能力 4. 逻辑思维能力 5. 空间想象能力	1. 底座零件图样识读 2. 底座的加工工艺分析 3. 明确任务要求和工作计划 4. 工作页的填写	1. 展示底座零件实物 2. 讲授机械制图知识点 3. 讲授数控工艺知识点 4. 说明加工工艺步骤和任务要求 5. 引导学生制订计划，完成工作页填写	1. 生产任务单的阅读 2. 图样、工艺卡的阅读 3. 底座的底面尺寸和加工要求 4. 键槽刀的特点 5. 键槽加工切削用量的选择 6. 球头铣刀参数的选择	1. 互联网 2. 底座的图纸、实物和标准工艺卡 3.《简明机械手册》(中文版第二版) 4. 国家制图标准 5.《公差与配合手册》 6.《数控工艺及编程》教材	1. 信息收集 2. 专业术语使用 3. 工作任务的理解程度 4. 图样的识读情况 5. 工艺卡抄写情况 6. 工作页的完成情况 7. 工作态度和纪律表现	4课时	一体化教室
活动二：技能学习与加工准备	1. 安全意识 2. 清洁整顿意识 3. 资料查阅能力 4. 观察和分析能力 5. 沟通交流能力 6. 团队协作能力 7. 制订计划能力 8. 身体协调能力 9. 统筹决策能力	1. 学习CAM软件的基本绘图方法，抄画底座底面模型 2. 模仿设置刀具和设定加工路线 3. 后处理生成程序并传输 4. 工作页的填写	1. 制作本任务涉及内容的演示课件 2. 组织学生观看操作示范 3. 抽查指导学生，纠正共性错误 4. 汇总学生学习情况，帮助学生总结操作要领	1. 安全防护要求 2. Cimatron基本操作 3. 底座模型的建立 4. 模仿设置刀具 5. 模仿设定加工路线 6. 模仿设定工艺参数 7. 模仿进行后处理生成加工程序并传输	1. 底座的图纸、加工工艺卡 2. 安全操作规程 3. 工具、量具、刀具 4. 辅助工具	1. 工作页的完成情况 2. 工作纪律与态度	12课时	一体化教室、实训车间（活动二与活动三交替进行）

续表

教学活动	关键能力	学生学习活动	教师活动	学习内容	教学资源	考核评价点	学时	教学地点
活动三：零件的加工	1. 安全意识 2. 清洁整顿意识 3. 独立操作能力（技能） 4. 规范意识养成 5. 仔细、认真的工作素质 6. 遵守时间意识 7. 执行力 8. 处理现场问题能力	1. 从指定地点领取毛坯，检查毛坯的可加工性 2. 分组进行底座的规范加工 3. 检测加工精度是否合格，并在规定时间内完成加工 4. 工作页的填写	1. 安排学生工作岗位，检查学生是否明确任务要求 2. 巡回指导和个别指导 3. 组织学生讨论学习和完成工作页	1. 安全防护要求，7S 管理要求 2. 工件装夹并找正 3. 模仿老师选择加工刀具及加工程序设定	1. 底座的图纸、加工工艺卡 2. 工具、量具、刀具清单 3. 安全操作规程 4. 辅助工具	1. 安全文明生产 2. 加工精度检测 3. 外观等主观检验 4. 时间控制及生产纪律表现 5. 工作页的完成情况	28课时	实训车间（活动二与活动三交替进行）
活动四：检验和质量分析	1. 分析问题能力 2. 客观评价能力 3. 解决问题能力	1. 加工精度检测 2. 个体外观及其他项目检验 3. 小组讨论误差产生的原因并陈述，思考解决措施 4. 工作页的填写	1. 准备检验的工具、量具 2. 组织小组进行底座加工误差产生原因的分析与陈述 3. 组织填写工作页	1. 底座尺寸误差的检测 2. 底座几何误差的检测 3. 零件误差产生原因及对策 4. 填写检验、评价、分析表格	1. 精度检验报表 2. 评价表 3. 误差分析及改进措施报表	1. 加工精度检测 2. 误差分析能力 3. 工作态度及客观性 4. 工作页的完成情况	2课时	检验室
活动五：工作总结与评价	1. 团队协作能力 2. 总结归纳能力 3. 口头表达能力 4. 汇报制作能力 5. 撰写报告能力 6. 客观评价能力	1. 小组展示工作成果 2. 小组互评 3. 小组讨论总结 4. 工作页的填写	1. 组织学生进行展示活动和评价活动 2. 总体评价工作过程 3. 填写教学回顾，进行资料整理	1. 展示物的制作 2. 自评和互评 3. 工作情况汇总 4. 撰写工作总结或者实习心得	根据各小组准备展示情况进行申报准备	1. 工作目标 2. 工作过程 3. 工作结果 4. 加工方法 5. 问题分析 6. 改进措施 7. 工作页的完成情况	2课时	一体化教室

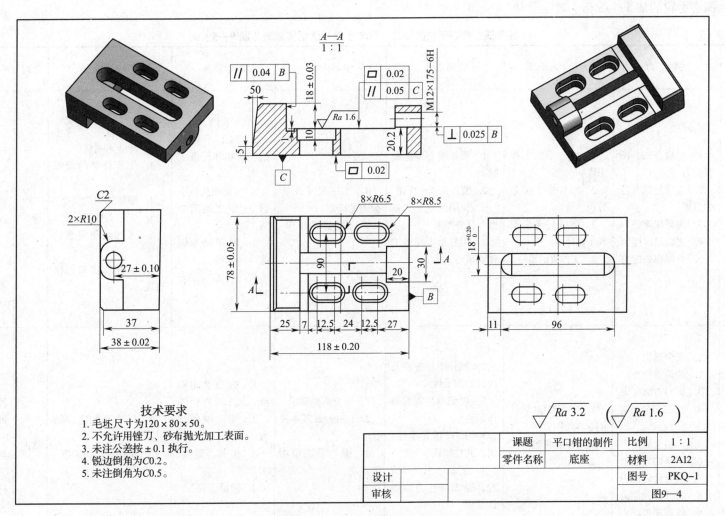

技术要求
1. 毛坯尺寸为120×80×50。
2. 不允许用锉刀、砂布抛光加工表面。
3. 未注公差按±0.1执行。
4. 锐边倒角为C0.2。
5. 未注倒角为C0.5。

课题	平口钳的制作	比例	1：1
零件名称	底座	材料	2A12
设计		图号	PKQ-1
审核			图9—4

图9—4 平口钳的制作——底座

5. 偏心手轮的加工（数车）教学活动

表 9—5 　　　　　　　　　　　任务四　偏心手轮的加工（数车）教学活动策划表（图 9—5）

教学活动	关键能力	学生学习活动	教师活动	学习内容	教学资源	考核评价点	学时	教学地点
活动一：工作任务及工艺分析	1. 资料查阅、阅读能力 2. 遵守纪律规范的意识 3. 沟通交流能力 4. 逻辑思维能力 5. 空间想象能力	1. 偏心手轮图样识读 2. 零件加工工艺分析 3. 明确任务要求和工作计划 4. 工作页的填写	1. 展示偏心手轮实物 2. 复习识读装配图 3. 说明装配工艺步骤和任务要求 4. 引导学生完成工作页填写	1. 工序尺寸及其公差的确定 2. 偏心距的计算	1. 互联网 2. 偏心手轮图纸、实物和标准工艺卡 3. 《简明机械手册》（中文版第二版） 4. 国家制图标准 5. 《公差与配合手册》	1. 信息收集 2. 专业术语使用 3. 工作任务的理解程度 4. 图样的识读情况 5. 工艺卡抄写情况 6. 工作页的完成情况 7. 工作态度和纪律表现	2 课时	一体化教室
活动二：技能学习与加工准备	1. 安全意识 2. 清洁整顿意识 3. 资料查阅能力 4. 观察和分析能力 5. 沟通交流能力 6. 团队协作能力 7. 制订计划能力 8. 身体协调能力 9. 统筹决策能力	1. 学习 CAM 软件的基本绘图方法，抄画偏心手轮模型 2. 工作页的填写	1. 制作本任务涉及内容的演示课件 2. 组织学生观看操作示范 3. 抽查指导学生，纠正共性错误 4. 汇总学生学习情况，帮助学生总结操作要领	1. 安全防护要求 2. Cimatron 基本操作 3. 偏心手轮模型的建立	1. 偏心手轮图纸、加工工艺卡 2. 安全操作规程 3. 工具、量具、刀具 4. 辅助工具	1. 工作页的完成情况 2. 工作纪律与态度	2 课时	一体化教室、实训车间（活动二与活动三交替进行）

续表

教学活动	关键能力	学生学习活动	教师活动	学习内容	教学资源	考核评价点	学时	教学地点
活动三：零件的加工	1. 安全意识 2. 清洁整顿意识 3. 独立操作能力（技能） 4. 规范意识养成 5. 仔细、认真的工作素质 6. 遵守时间意识 7. 执行力 8. 处理现场问题能力	1. 从指定地点领取偏心手轮毛坯，分析可加工性 2. 分组进行偏心手轮加工 3. 检测加工精度是否合格，并在规定时间内完成加工 4. 工作页的填写	1. 分发偏心手轮毛坯及相应工具、量具 2. 组织学生进行生产活动 3. 巡回指导和个别指导 4. 控制课程时间 5. 组织学生讨论学习和完成工作页	1. 零件的精度检测 2. 几何精度的保证 3. 程序 MDI 输入和 DNC 传输	1. 偏心手轮图纸、加工工艺卡 2. 工量、刀具清单 3. 安全操作规程 4. 辅助工具	1. 安全文明生产 2. 加工精度检测 3. 外观等主观检验 4. 时间控制及生产纪律表现 5. 工作页的完成情况	8课时	实训车间（活动二与活动三交替进行）
活动四：检验和质量分析	1. 分析问题能力 2. 客观评价能力 3. 解决问题能力	1. 精度的检测 2. 个体外观及其他项目检验 3. 小组讨论误差产生的原因并陈述，思考解决措施 4. 工作页的填写	1. 准备检验的工具、量具 2. 组织小组进行偏心手轮加工误差产生原因的分析与陈述 3. 组织填写工作页	1. 偏心手轮尺寸误差的检测 2. 偏心手轮几何误差的检测 3. 填写检验、评价、分析表格	1. 精度检验报表 2. 评价表 3. 误差分析及改进措施报表	1. 加工精度检测 2. 误差分析能力 3. 工作态度及客观性 4. 工作页的完成情况	2课时	检验室
活动五：工作总结与评价	1. 团队协作能力 2. 总结归纳能力 3. 口头表达能力 4. 汇报制作能力 5. 撰写报告能力 6. 客观评价能力	1. 小组展示工作成果 2. 小组互评 3. 小组讨论总结 4. 工作页的填写	1. 组织学生进行展示活动和评价活动 2. 总体评价工作过程 3. 填写教学回顾，进行资料整理	1. 展示物的制作 2. 自评和互评 3. 工作情况汇总 4. 撰写工作总结或者实习心得	根据各小组准备展示情况进行申报准备	1. 工作目标 2. 工作过程 3. 工作结果 4. 加工方法 5. 问题分析 6. 改进措施 7. 工作页的完成情况	2课时	一体化教室

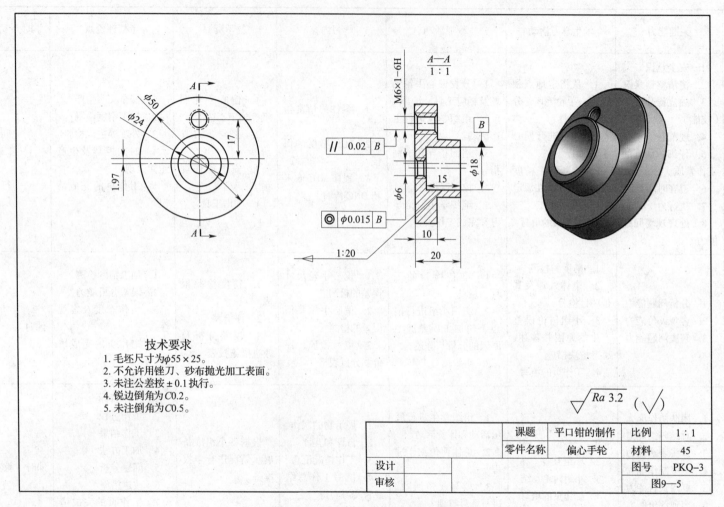

技术要求
1. 毛坯尺寸为$\phi55 \times 25$。
2. 不允许用锉刀、砂布抛光加工表面。
3. 未注公差按±0.1执行。
4. 锐边倒角为C0.2。
5. 未注倒角为C0.5。

课题	平口钳的制作	比例	1:1
零件名称	偏心手轮	材料	45
设计		图号	PKQ-3
审核			图9—5

图9—5 平口钳的制作——偏心手轮

6. 螺杆的加工（数车）教学活动

表9—6 　　　　　　　　　　　　　　任务五　螺杆的加工（数车）教学活动策划表（图9—6）

教学活动	关键能力	学生学习活动	教师活动	学习内容	教学资源	考核评价点	学时	教学地点
活动一：工作任务及工艺分析	1. 资料查阅、阅读能力 2. 遵守纪律规范的意识 3. 沟通交流能力 4. 逻辑思维能力 5. 空间想象能力	1. 学习细长轴的加工工艺 2. 明确任务要求和工作计划 3. 工作页的填写	1. 展示螺杆零件的实物 2. 讲解细长轴加工注意事项 3. 引导学生完成工作页填写	1. 装配图样上的技术要求 2. 装配图的绘制 3. 细长轴的加工方法 4. 一夹一顶加工螺纹的方法	1. 互联网 2. 螺杆图纸、实物和标准工艺卡 3. 《简明机械手册》（中文版第二版） 4. 国家制图标准 5. 《公差与配合手册》	1. 信息收集 2. 工作页的完成情况 3. 工作态度和纪律 4. 工作任务的理解程度 5. 图样的识读情况	2课时	一体化教室
活动二：技能学习与加工准备	1. 安全意识 2. 清洁整顿意识 3. 资料查阅能力 4. 观察和分析能力 5. 沟通交流能力 6. 团队协作能力 7. 制订计划能力 8. 身体协调能力 9. 统筹决策能力	1. 学习CAM软件的基本绘图方法，抄画螺杆模型 2. 工作页的填写	1. 制作本任务涉及内容的演示课件 2. 组织学生观看操作示范 3. 抽查指导学生，纠正共性错误 4. 汇总学生学习情况，帮助学生总结操作要领	1. Cimatron基本操作 2. 螺杆模型的建立	1. 螺杆图纸、加工工艺卡 2. 安全操作规程 3. 工具、量具、刀具 4. 辅助工具	1. 工作页的完成情况 2. 工作纪律与态度	2课时	一体化教室、实训车间（活动二与活动三交替进行）

续表

教学活动	关键能力	学生学习活动	教师活动	学习内容	教学资源	考核评价点	学时	教学地点
活动三：零件的加工	1. 安全意识 2. 清洁整顿意识 3. 独立操作能力（技能） 4. 规范意识养成 5. 仔细、认真的工作素质 6. 遵守时间意识 7. 执行力 8. 处理现场问题能力	1. 从指定地点领取螺杆毛坯 2. 采用一夹一顶方式加工螺纹 3. 检测零件加工精度是否合格，并在规定时间内完成加工 4. 工作页的填写	1. 分发毛坯及相应工具、量具 2. 组织学生进行生产活动 3. 巡回指导和个别指导 4. 控制课程时间 5. 组织学生讨论学习和完成工作页	1. 尾座调整 2. 一夹一顶装夹	1. 螺杆图纸、加工工艺卡 2. 工具、量具、刀具清单 3. 安全操作规程 4. 辅助工具	1. 安全文明生产 2. 加工精度检测 3. 外观等主观检验 4. 时间控制及生产纪律表现 5. 工作页的完成情况	8课时	实训车间（活动二与活动三交替进行）
活动四：检验和质量分析	1. 分析问题能力 2. 客观评价能力 3. 解决问题能力	1. 精度的检测 2. 个体外观及其他项目检验 3. 小组讨论误差产生的原因并陈述，思考解决措施 4. 工作页的填写	1. 准备检验的工具、量具 2. 组织小组进行误差产生原因的分析与陈述 3. 组织填写工作页	1. 零件几何误差的检测 2. 加工中出现不合格项的原因及对策 3. 填写检验、评价、分析表格	1. 精度检验报表 2. 评价表 3. 误差分析及改进措施报表	1. 加工精度检测 2. 误差分析能力 3. 工作态度及客观性 4. 工作页的完成情况	2课时	检验室
活动五：工作总结与评价	1. 团队协作能力 2. 总结归纳能力 3. 口头表达能力 4. 汇报制作能力 5. 撰写报告能力 6. 客观评价能力	1. 小组展示工作成果 2. 小组互评 3. 小组讨论总结 4. 工作页的填写	1. 组织学生进行展示活动和评价活动 2. 总体评价工作过程 3. 填写教学回顾，进行资料整理	1. 展示物的制作 2. 自评和互评 3. 工作情况汇总 4. 撰写工作总结或者实习心得	根据各小组准备展示情况进行申报准备	1. 工作目标 2. 工作过程 3. 工作结果 4. 加工方法 5. 问题分析 6. 改进措施 7. 工作页的完成情况	2课时	一体化教室

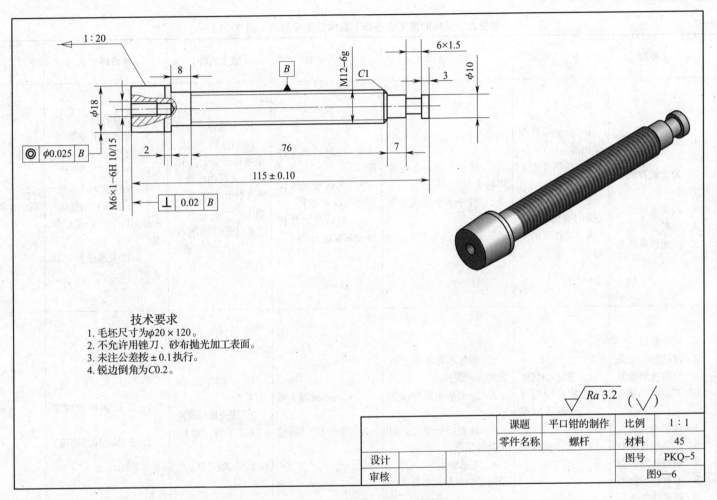

技术要求
1. 毛坯尺寸为φ20×120。
2. 不允许用锉刀、砂布抛光加工表面。
3. 未注公差按±0.1执行。
4. 锐边倒角为C0.2。

$\sqrt{Ra\,3.2}$ $(\sqrt{})$

课题	平口钳的制作	比例	1:1
零件名称	螺杆	材料	45
设计		图号	PKQ-5
审核		图9—6	

图9—6 平口钳的制作——螺杆

7. 摇柄的加工（数车）教学活动

表9—7   任务六   摇柄的加工（数车）教学活动策划表（图9—7）

教学活动	关键能力	学生学习活动	教师活动	学习内容	教学资源	考核评价点	学时	教学地点
活动一：工作任务及工艺分析	1. 资料查阅、阅读能力 2. 遵守纪律规范的意识 3. 沟通交流能力 4. 逻辑思维能力 5. 空间想象能力	1. 摇柄零件图样识读 2. 摇柄加工工艺分析 3. 明确工作计划和任务要求 4. 工作页的填写	1. 展示平口钳装配体实物 2. 引导学生完成工作页填写	1. 绘制摇柄零件图 2. 摇柄加工零件图样的技术要求 3. 可转位刀片代码及其标记方法	1. 互联网 2. 摇柄图纸、实物和标准工艺卡 3.《简明机械手册》（中文版第二版） 4. 国家制图标准 5.《公差与配合手册》	1. 信息收集 2. 专业术语使用 3. 工作任务的理解程度 4. 图样的识读情况 5. 工艺卡抄写情况 6. 工作页的完成情况 7. 工作态度和纪律表现	1课时	一体化教室
活动二：技能学习与加工准备	1. 安全意识 2. 清洁整顿意识 3. 资料查阅能力 4. 观察和分析能力 5. 沟通交流能力 6. 团队协作能力 7. 制订计划能力 8. 身体协调能力 9. 统筹决策能力	1. 学习CAM软件的基本绘图方法，抄画摇柄模型 2. 工作页的填写	1. 制作本任务涉及内容的演示课件 2. 组织学生观看操作示范 3. 抽查指导学生，纠正共性错误 4. 汇总学生学习情况，帮助学生总结操作要领	1. Cimatron基本操作 2. 摇柄模型的建立	1. 摇柄图纸、加工工艺卡 2. 安全操作规程 3. 工具、量具、刀具 4. 辅助工具	1. 工作页的完成情况 2. 工作纪律与态度	1课时	一体化教室、实训车间（活动二与活动三交替进行）

续表

教学活动	关键能力	学生学习活动	教师活动	学习内容	教学资源	考核评价点	学时	教学地点
活动三：零件的加工	1. 安全意识 2. 清洁整顿意识 3. 独立操作能力（技能） 4. 规范意识养成 5. 仔细、认真的工作素质 6. 遵守时间意识 7. 执行力 8. 处理现场问题能力	1. 从指定地点领取摇柄加工零件毛坯 2. 分组进行摇柄的加工 3. 检测加工精度是否合格，并在规定时间内完成加工 4. 工作页的填写	1. 分发摇柄零件毛坯及相应工具、量具 2. 组织学生进行生产活动 3. 巡回指导和个别指导 4. 控制课程时间 5. 组织学生讨论学习和完成工作页	数控车床套螺纹	1. 摇柄图纸、加工工艺卡 2. 工量、刀具清单 3. 安全操作规程 4. 辅助工具	1. 安全文明生产 2. 加工精度检测 3. 外观等主观检验 4. 时间掌握及生产纪律表现 5. 工作页的完成情况	4课时	实训车间（活动二与活动三交替进行）
活动四：检验和质量分析	1. 分析问题能力 2. 客观评价能力 3. 解决问题能力	1. 精度的检测 2. 个体外观及其他项目检验 3. 小组讨论误差产生的原因并陈述，思考解决措施 4. 工作页的填写	1. 准备检验的工具、量具 2. 组织小组进行误差产生原因的分析与陈述 3. 组织填写工作页	1. 摇柄几何误差的测量 2. 误差产生的原因及对策 3. 填写检验、评价、分析表格	1. 精度检测报表 2. 评价表 3. 误差分析及改进措施报表	1. 加工精度检测 2. 误差分析能力 3. 工作态度及客观性 4. 工作页的完成情况	1课时	检验室
活动五：工作总结与评价	1. 团队协作能力 2. 总结归纳能力 3. 口头表达能力 4. 汇报制作能力 5. 撰写报告能力 6. 客观评价能力	1. 小组展示工作成果 2. 小组互评 3. 小组讨论总结 4. 工作页的填写	1. 组织学生进行展示活动和评价活动 2. 总体评价工作过程 3. 填写教学回顾，进行资料整理	1. 展示物的制作 2. 自评和互评 3. 工作情况汇总 4. 撰写工作总结或者实习心得	根据各小组准备展示情况进行申报准备	1. 工作目标 2. 工作过程 3. 工作结果 4. 加工方法 5. 问题分析 6. 改进措施 7. 工作页的完成情况	1课时	一体化教室

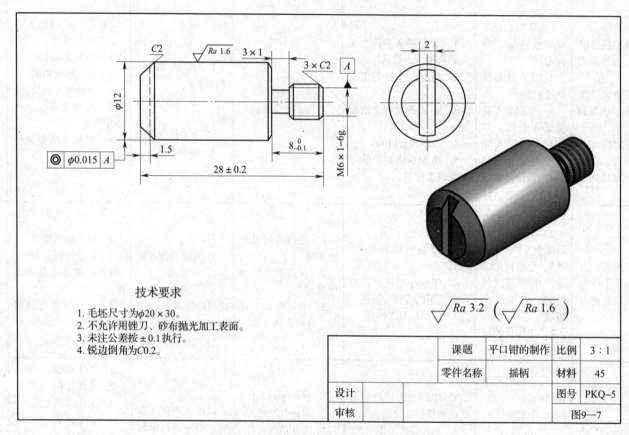

技术要求

1. 毛坯尺寸为$\phi 20 \times 30$。
2. 不允许用锉刀、砂布抛光加工表面。
3. 未注公差按 ± 0.1 执行。
4. 锐边倒角为C0.2。

		课题	平口钳的制作	比例	3 : 1
		零件名称	摇柄	材料	45
设计				图号	PKQ–5
审核				图9—7	

图 9—7 平口钳的制作——摇柄

8. 平口钳的装配（钳工）教学活动

表 9—8　　　　　　　　　　　　任务七　平口钳的装配（钳工）教学活动策划表

教学活动	关键能力	学生学习活动	教师活动	学习内容	教学资源	考核评价点	学时	教学地点
活动一：工作任务及工艺分析	1. 资料查阅、阅读能力 2. 遵守纪律规范的意识 3. 沟通交流能力 4. 逻辑思维能力 5. 空间想象能力	1. 识读装配图 2. 明确装配工艺步骤和任务要求 3. 工作页的填写	1. 展示平口钳各个零件的实物 2. 组织学生分组 3. 讲解装配时的注意事项 4. 引导学生完成工作页填写	1. 分析装配图 2. 明确装配图样上的技术要求 3. 学习装配工艺规程 4. 确定装配方法和装配顺序	1. 互联网 2. 装配图纸、实物和标准工艺卡 3.《简明机械手册》（中文版第二版） 4. 国家制图标准 5.《公差与配合手册》	1. 工作任务的理解程度 2. 信息收集 3. 图样的识读情况 4. 工作态度和纪律 5. 工作页的完成情况	2课时	一体化教室
活动二：技能学习与准备	1. 安全意识 2. 清洁整顿意识 3. 资料查阅能力 4. 观察和分析能力 5. 沟通交流能力 6. 团队协作能力 7. 制订计划能力 8. 身体协调能力 9. 统筹决策能力	1. 了解常用装配工具种类 2. 装配前零件的清理、清洗和防护 3. 工作页的填写	1. 制作本任务涉及内容的演示课件 2. 组织学生观看操作示范 3. 抽查指导学生，纠正共性错误 4. 汇总学生学习情况，帮助学生总结操作要领	1. 安全防护要求 2. 常用装配工具的使用方法 3. 零件的清理、清洗和防护的方法	1. 装配图纸、加工工艺卡 2. 安全操作规程 3. 工具、量具、刀具 4. 辅助工具	1. 工作纪律与态度 2. 工作页的完成情况	1课时	一体化教室、实训车间（活动二与活动三交替进行）

续表

教学活动	关键能力	学生学习活动	教师活动	学习内容	教学资源	考核评价点	学时	教学地点
活动三：机械装配	1. 安全意识 2. 清洁整顿意识 3. 独立操作能力（技能） 4. 规范意识养成 5. 仔细、认真的工作素质 6. 遵守时间意识 7. 执行力 8. 处理现场问题能力	1. 从指定地点领取装配平口钳所用的零件 2. 检测装配所需的零件是否合格。 3. 学习修配的技巧 4. 工作页的填写	1. 分发零件及相应工具、量具 2. 组织学生进行组装活动 3. 巡回指导和个别指导 4. 控制课程时间 5. 组织学生讨论学习和完成工作页	1. 零件的组装 2. 工具的正确使用 3. 装配精度检验 4. 装配过程中的修配	1. 全部图纸、加工工艺卡 2. 工具、量具、刀具清单 3. 安全操作规程 4. 清洁整顿及学习物品 5. 辅助工具	1. 安全文明生产 2. 装配精度检验 3. 外观等主观检验 4. 时间掌握及生产纪律表现 5. 工作页的完成情况	2课时	实训车间（活动二与活动三交替进行）
活动四：检验和质量分析	1. 分析问题能力 2. 客观评价能力 3. 解决问题能力	1. 几何精度的检测方法 2. 运动精度的检测方法 3. 外观等主观检验方法 4. 小组讨论组装后整体精度产生误差的原因并陈述，思考解决措施 5. 工作页的填写	1. 准备检测的工具、量具、表格 2. 组织小组进行误差产生原因的分析与陈述 3. 组织填写工作页	1. 几何精度的检测 2. 运动精度的检测 3. 外观的评判 4. 处理组装过程中出现的问题 5. 填写检验、评价、分析表格	1. 综合检验报表 2. 评价表 3. 误差分析及改进措施报表	1. 几何精度检测 2. 运动精度检测 3. 外观评判 4. 工作态度及客观性 5. 工作页的完成情况	1课时	检验室
活动五：工作总结与评价	1. 团队协作能力 2. 总结归纳能力 3. 口头表达能力 4. 汇报制作能力 5. 撰写报告能力 6. 客观评价能力	1. 小组展示工作成果。 2. 小组互评 3. 小组讨论总结 4. 工作页的填写	1. 组织学生进行展示活动和评价活动 2. 总体评价工作过程 3. 填写教学回顾，进行资料整理	1. 展示物的制作 2. 自评和互评 3. 工作情况汇总 4. 撰写工作总结或者实习心得	根据各小组准备展示情况进行申报准备	1. 工作目标 2. 工作过程 3. 工作结果 4. 加工方法 5. 问题分析 6. 改进措施 7. 工作页的完成情况	2课时	一体化教室

课题十　加农炮的制作

（6.5 周，每周 16 课时）

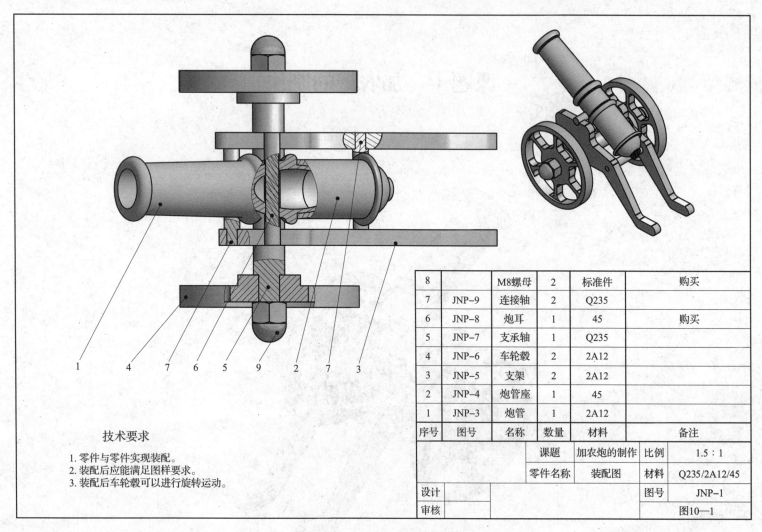

8		M8螺母	2	标准件	购买
7	JNP–9	连接轴	2	Q235	
6	JNP–8	炮耳	1	45	购买
5	JNP–7	支承轴	1	Q235	
4	JNP–6	车轮毂	2	2A12	
3	JNP–5	支架	2	2A12	
2	JNP–4	炮管座	1	45	
1	JNP–3	炮管	1	2A12	
序号	图号	名称	数量	材料	备注

		课题	加农炮的制作	比例	1.5:1
		零件名称	装配图	材料	Q235/2A12/45
设计				图号	JNP–1
审核					图10–1

技术要求

1. 零件与零件实现装配。
2. 装配后应能满足图样要求。
3. 装配后车轮毂可以进行旋转运动。

图 10—1 加农炮的制作——装配图

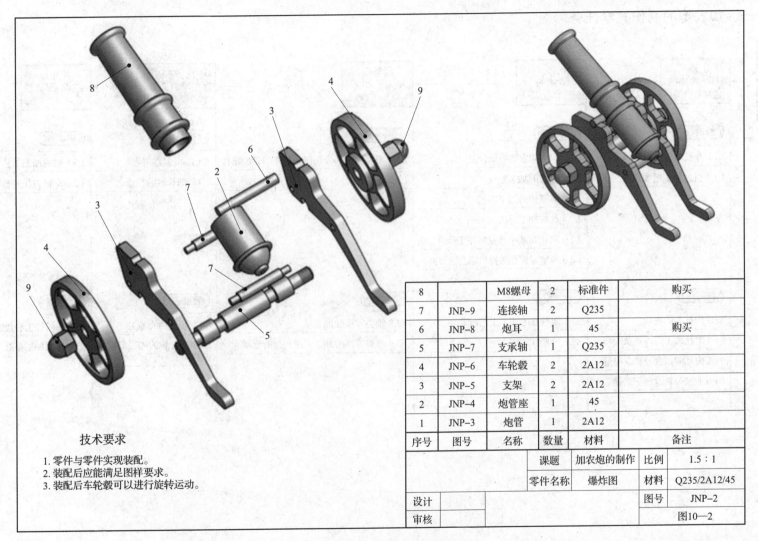

技术要求

1. 零件与零件实现装配。
2. 装配后应能满足图样要求。
3. 装配后车轮毂可以进行旋转运动。

8		M8螺母	2	标准件	购买
7	JNP-9	连接轴	2	Q235	
6	JNP-8	炮耳	1	45	购买
5	JNP-7	支承轴	1	Q235	
4	JNP-6	车轮毂	2	2A12	
3	JNP-5	支架	2	2A12	
2	JNP-4	炮管座	1	45	
1	JNP-3	炮管	1	2A12	
序号	图号	名称	数量	材料	备注

		课题	加农炮的制作	比例	1.5：1
		零件名称	爆炸图	材料	Q235/2A12/45
设计				图号	JNP-2
审核					图10—2

图 10—2　加农炮的制作——爆炸图

一、加农炮的制作教学任务

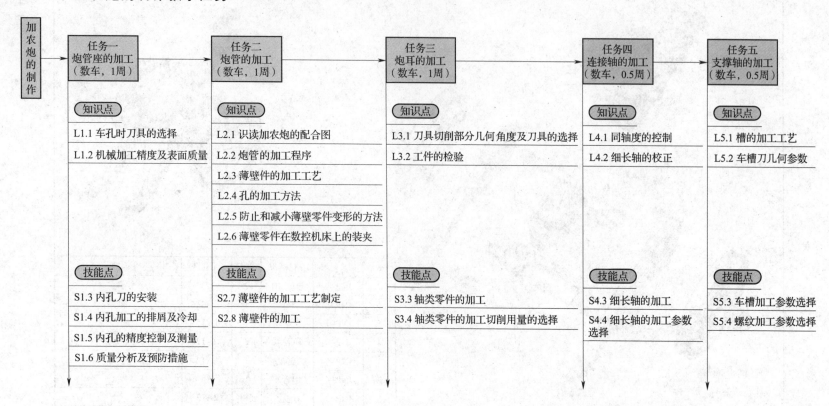

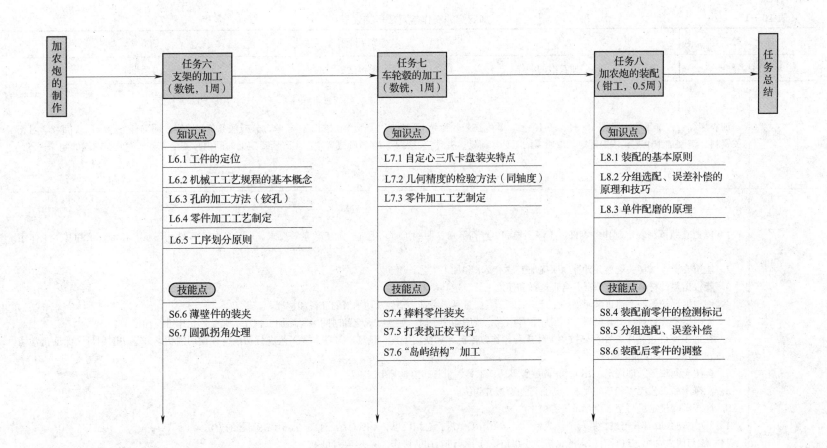

加农炮的制作

任务六
支架的加工
（数铣，1周）

知识点

L6.1 工件的定位

L6.2 机械工工艺规程的基本概念

L6.3 孔的加工方法（铰孔）

L6.4 零件加工工艺制定

L6.5 工序划分原则

技能点

S6.6 薄壁件的装夹

S6.7 圆弧拐角处理

任务七
车轮毂的加工
（数铣，1周）

知识点

L7.1 自定心三爪卡盘装夹特点

L7.2 几何精度的检验方法（同轴度）

L7.3 零件加工工艺制定

技能点

S7.4 棒料零件装夹

S7.5 打表找正校平行

S7.6 "岛屿结构"加工

任务八
加农炮的装配
（钳工，0.5周）

知识点

L8.1 装配的基本原则

L8.2 分组选配、误差补偿的原理和技巧

L8.3 单件配磨的原理

技能点

S8.4 装配前零件的检测标记

S8.5 分组选配、误差补偿

S8.6 装配后零件的调整

任务总结

二、加农炮的制作教学活动

1. 任务导入

表 10—1   加农炮的制作学习任务描述表

一体化课程名称		数控车 / 铣组合—体化	
任务名称	加农炮的制作	学习任务学时	104 课时
任务情境	加农炮综合件加工要求见图 10—1、图 10—2。学生在教师指导下到生产主管处领取加工任务单，分析任务单和图样，明确任务要求后查阅和学习相关资料，编制加工工艺，依照规定领取所需的工具、量具、夹具、刀具等。在教师或者生产主管所审定的时间内，安全规范地完成加农炮的制作任务。		
学习目标	1. 能独立阅读加农炮制作各零件、工序图样和生产任务单，明确工时、毛坯、加工数量等要求，明确所加工零件的形状、技术要求和基本工作用途。 2. 能按要求查阅相关资料并计算，明确加工技术要求和加工工艺。 3. 能根据零件材料和形状特征，合理选择和使用工具、量具、刀具。 4. 能根据现场条件，通过学习做好生产所需的工具、量具、夹具、辅件及切削液的准备和整理。 5. 能根据零件材料、刀具材料、加工性质等因素，查阅切削手册，独立在规定的时间编写好加工程序，调整好机床进行加工。 6. 在加工零件过程中，能严格按照操作规程操作数控机床和使用工具、量具、刀具，按工艺进行切削；根据切削状态调整切削用量，保证正常切削；适时检测，保证加工精度。 7. 能按车间现场管理规定（7S），正确放置零件、工具、量具、刀具等生产物品。 8. 能按产品工艺流程和车间要求，进行产品交接并确认。 9. 能按车间规定填写交接班记录等各项生产记录。 10. 能主动获取有效信息，展示工作成果，对学习与工作进行总结反思，不断总结经验，学习解决问题的方法。 11. 能与他人合作，进行有效沟通，协调小组角色分工，进行团队协作，解决实际问题。 12. 能够严格遵守各项规章制度和安全生产要求，形成不打折扣地执行工作任务的工作素养。		

一体化课程名称		数控车/铣组合一体化	
任务名称	加农炮的制作	学习任务学时	104 课时

学习内容	1. 7S 现场管理知识及数控车床/铣床安全操作规程。 2. 任务单、工艺卡、检验卡、交接班记录和保养卡等技术文件的填写要求。 3. 图样中零件的形状识读，尺寸和所需技术要求的识读。 4. 数控车床/铣床编程方法和工艺安排。 5. 零件尺寸精度的控制方法及检测。 6. 零件加工的质量分析方法及改进措施。	
教学建议	设施设备（以 25 人班级为例）： 1. 数控车床：5 ~ 6 台（配置比为 1 : 2）。 2. 数控铣床：5 ~ 6 台（配置比为 1 : 2）。	车间要求： 　1. 一体化教室：100 m²，配电满足教学需要，环保符合国家标准要求。 　2. 数控车/数控铣实训车间：200 m²，配电满足教学需要，环保符合国家标准要求。
	教学组织形式建议： 1. 教师组织学生穿戴好工作服、胸卡集合，进行安全教育后方可进入实习车间学习。 2. 人均操作机床时间应不少于总学时的 50%。 3. 根据任务活动环节和作业分工，教师安排学生编程和软件学习及机床操作交叉进行。（可采用引导文的形式组织教学） 4. 以企业生产线情景模拟的形式，教师安排学生扮演角色，按规定的时间完成相关实训课题。 5. 学生要学会对自己的工件进行客观的自评。 6. 教师组织学生以小组或个人形式，向全班展示、汇报学习成果。	
	教学注意要点： 1. 本任务不需要每人或每个小组都采用同样的加工工艺，在保证加工安全的前提下，可以自由编写自己的程序和加工工艺。 2. 各小组成员需独立完成自己的学习任务，而不是以小组为单位，避免小组内仅有几位同学参与。 3. 全班同学轮流与他人合作组成小组（不是固定的学习小组），有更多的机会与他人合作，培养学生团队合作能力。	

2. 加农炮的综合件加工（数车）教学活动

表 10—2　　　　　　任务一～任务五　　加农炮的综合件加工（数车）教学活动策划表（图 10—3 ~ 图 10—7）

教学活动	关键能力	学生学习活动	教师活动	学习内容	教学资源	考核评价点	学时	教学地点
活动一：工作任务及工艺分析	1. 收集、归类相关信息能力 2. 资料查阅、阅读能力 3. 任务单和工艺分析能力 4. 沟通交流能力	1. 炮管座、炮管、炮耳、连接轴、支承轴的数车加工工艺分析 2. 查阅相关资料完成工作页的填写 3. 小组讨论学习	1. 提供/分发加农炮综合件制作图纸 2. 布置相关信息收集任务 3. 装配图的识读及分析 4. 组织学生独立完成工作页及分组讨论	1. 生产任务单的阅读 2. 加农炮综合件制作图样的识读 3. 加农炮综合件加工工艺分析与工艺路线的制定 4. 机械加工精度及表面质量 5. 薄壁零件的加工工艺	1. 互联网 2.《数控工艺编程与操作》教材	1. 信息收集 2. 独立完成工作页及分组讨论学习情况 3. 编程方法	8课时	一体化教室
活动二：技能学习与加工准备	1. 资料查阅能力 2. 协调能力 3. 安全意识 4. 工作统筹能力	1. 编制加农炮综合件加工程序 2. 工作页的填写 3. 加工程序和加工工艺卡的填写	1. 参与小组讨论并确定加工程序 2. 检查加工程序是否合格	1. 加农炮综合件工艺分析及编程知识 2. 防止/减小薄壁零件变形的方法 3. 薄壁零件的加工工艺及加工参数	1. 加农炮综合件制作图纸 2. 加工程序及工艺卡 3. 数控车床 4. 工具、量具、刀具 5. 辅助工具	1. 工作页的完成情况 2. 刀具的选择正确性 3. 加工的切削用量选择	4课时	一体化教室、实训车间（活动二与活动三交替进行）

续表

教学活动	关键能力	学生学习活动	教师活动	学习内容	教学资源	考核评价点	学时	教学地点
活动三：零件的加工	1. 独立操作能力 2. 规范意识养成 3. 处理现场问题能力	1. 从指定地点领取毛坯及工具、夹具、量具 2. 检查毛坯的可加工性，分组进行零件（各工序）的编程加工 3. 检测尺寸是否合格，并在规定时间内完成加工	1. 分发加农炮综合件制作毛坯及相应工具、刀具 2. 检查程序是否正确 3. 巡回指导和个别指导	1. 同轴度的控制和细长轴的校正 2. 零件加工的质量分析方法及改进措施	1. 加农炮综合件制作图纸 2. 加农炮综合件制作加工工艺卡 3. 《简明机械手册》（中文版第二版） 4. 数控车床 5. 测量工具 6. 辅助工具	1. 机床操作 2. 各零件精度的测量 3. 加工质量 4. 安全操作规范的养成 5. 工作页的完成情况	44课时	实训车间（活动二与活动三交替进行）
活动四：检验和质量分析	分析问题能力	1. 加工精度的检测 2. 小组讨论误差产生的原因并陈述 3. 评价表及工作页的填写	组织小组进行加农炮综合件加工误差产生原因的分析与陈述	1. 零件精度的检测方法 2. 零件误差产生原因分析 3. 填写检验、评价、分析表格	1. 误差分析报告 2. 精度检验报告 3. 评价表	1. 误差分析方法 2. 陈述的内容 3. 工作页的完成情况	4课时	一体化教室
活动五：工作总结与评价	1. 团队协作能力 2. 总结归纳能力 3. 口头表达能力 4. 汇报制作能力 5. 撰写报告能力 6. 客观评价能力	1. 小组或个人展示工作成果 2. 小组讨论总结 3. 工作页的填写	1. 组织学生进行展示活动和评价活动 2. 总体评价工作过程 3. 填写教学回顾，进行资料整理	1. 展示物的制作 2. 自评和老师点评 3. 撰写工作总结或者实习心得	根据各小组准备展示情况进行申报准备	1. 工作目标 2. 工作过程 3. 工作结果 4. 问题分析及改进措施 5. 工作页的完成情况	4课时	一体化教室

X	11.6	10.9	10.64	11.33	11.27	10.55	9.62	10.3
Z	10.91	11.84	24.15	25.12	29.9	30.84	74.66	75.63
	1	2	3	4	5	6	7	8

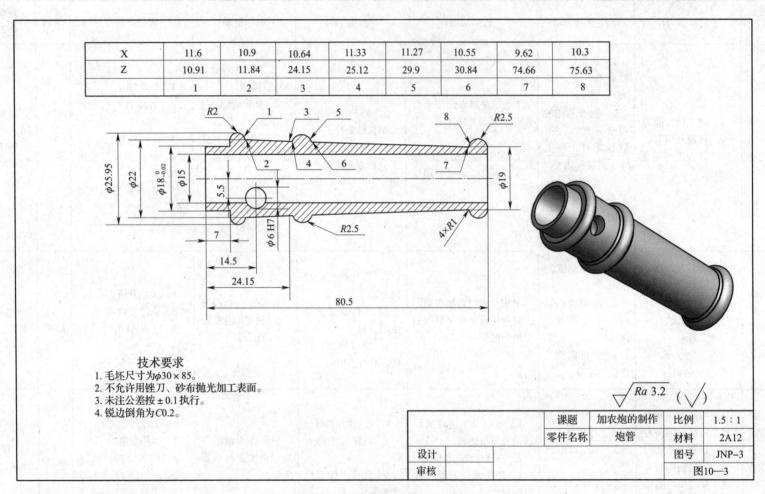

技术要求

1. 毛坯尺寸为ϕ30×85。
2. 不允许用锉刀、砂布抛光加工表面。
3. 未注公差按±0.1执行。
4. 锐边倒角为C0.2。

$\sqrt{Ra\ 3.2}\ (\sqrt{\ })$

课题	加农炮的制作	比例	1.5:1
零件名称	炮管	材料	2A12
设计		图号	JNP-3
审核			图10—3

图 10—3 加农炮的制作——炮管

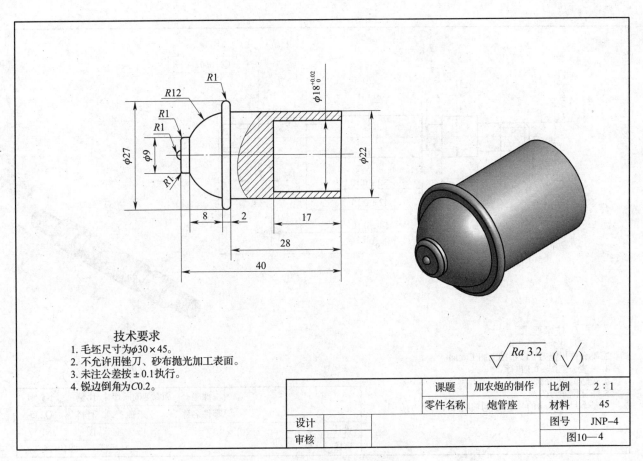

技术要求
1. 毛坯尺寸为$\phi 30 \times 45$。
2. 不允许用锉刀、砂布抛光加工表面。
3. 未注公差按± 0.1执行。
4. 锐边倒角为$C0.2$。

$\sqrt{Ra\ 3.2}\ (\sqrt{\ })$

课题	加农炮的制作	比例	2：1
零件名称	炮管座	材料	45
设计			图号	JNP—4
审核			图10—4	

图 10—4　加农炮的制作——炮管座

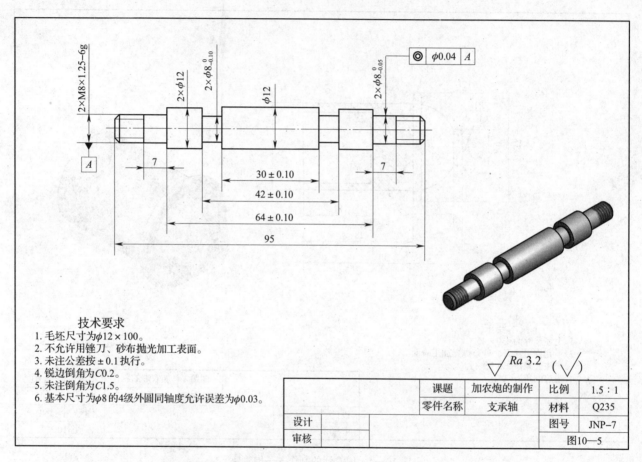

技术要求
1. 毛坯尺寸为$\phi12 \times 100$。
2. 不允许用锉刀、砂布抛光加工表面。
3. 未注公差按 ± 0.1 执行。
4. 锐边倒角为$C0.2$。
5. 未注倒角为$C1.5$。
6. 基本尺寸为$\phi8$的4级外圆同轴度允许误差为$\phi0.03$。

$\sqrt{Ra\,3.2}$ ($\sqrt{\ }$)

		课题	加农炮的制作	比例	1.5 : 1
		零件名称	支承轴	材料	Q235
设计				图号	JNP-7
审核				图10-5	

图 10—5　加农炮的制作——支承轴

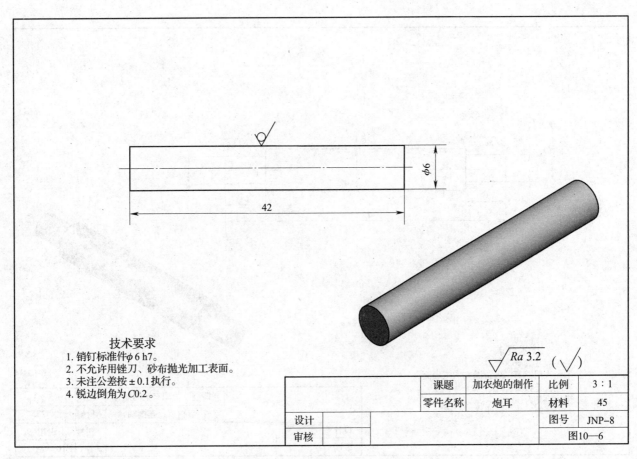

$\sqrt{\dfrac{Ra\,3.2}{}}$（$\sqrt{}$）

技术要求
1. 销钉标准件ϕ6 h7。
2. 不允许用锉刀、砂布抛光加工表面。
3. 未注公差按±0.1执行。
4. 锐边倒角为C0.2。

	课题	加农炮的制作	比例	3∶1
	零件名称	炮耳	材料	45
设计			图号	JNP-8
审核			图10—6	

图 10—6　加农炮的制作——炮耳

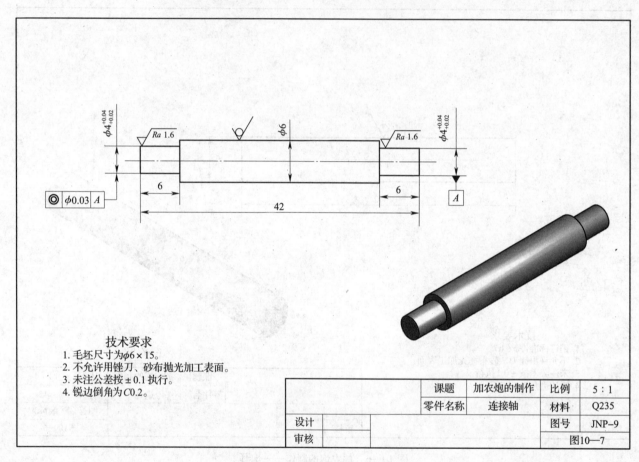

技术要求
1. 毛坯尺寸为φ6×15。
2. 不允许用锉刀、砂布抛光加工表面。
3. 未注公差按±0.1执行。
4. 锐边倒角为C0.2。

课题	加农炮的制作	比例	5：1
零件名称	连接轴	材料	Q235
设计			图号	JNP—9
审核			图10—7

图 10—7　加农炮的制作——连接轴

3. 加工炮的综合件加工（数铣）教学活动

表 10—3　　　　　　　　　任务六、任务七　加工炮的综合件加工（数铣）教学活动策划表（图 10—8、图 10—9）

教学活动	关键能力	学生学习活动	教师活动	学习内容	教学资源	考核评价点	学时	教学地点
活动一：工作任务及工艺分析	1. 收集、归类相关信息能力 2. 资料查阅、阅读能力 3. 任务单和工艺分析能力 4. 沟通交流能力	1. 支架、车轮毂的数铣加工工艺分析 2. 查阅相关资料完成工作页的填写 3. 小组讨论学习	1. 提供／分发加农炮综合件制作图纸 2. 布置相关信息收集任务 3. 装配图的识读及分析 4. 组织学生独立完成工作页及分组讨论	1. 生产任务单的阅读 2. 加农炮综合件制作图样的识读 3. 加农炮综合件加工工艺分析与工艺路线的制定 4. 几何精度的检测方法 5. 自定心三爪卡盘装夹特点	1. 互联网 2.《数控工艺编程与操作》教材	1. 信息收集 2. 独立完成工作页及分组讨论学习情况 3. 编程方法	4课时	一体化教室
活动二：技能学习与加工准备	1. 资料查阅能力 2. 协调能力 3. 安全意识 4. 工作统筹能力	1. 编制加农炮综合件加工程序 2. 工作页的填写 3. 加工程序和加工工艺卡的填写	1. 参与小组讨论并确定加工程序 2. 检查加工程序是否合格	1. 加农炮综合件加工工艺分析及编程知识 2. 孔的加工方法（铰孔） 3. 工件的定位	1. 加农炮综合件图纸、加工工艺卡 2. 数控铣床 3. 工具、量具、刀具 4. 辅助工具	工作页的完成情况	4课时	一体化教室、实训车间（活动二与活动三交替进行）

续表

教学活动	关键能力	学生学习活动	教师活动	学习内容	教学资源	考核评价点	学时	教学地点
活动三：零件的加工	1. 独立操作能力 2. 规范意识养成 3. 处理现场问题能力	1. 从指定地点领取毛坯及工具、夹具、量具 2. 检查毛坯的可加工性，分组进行零件（各工序）的加工 3. 检测尺寸是否合格，并在规定时间内完成加工	1. 分发加农炮综合件毛坯及相应工具、刀具 2. 检查程序是否正确 3. 巡回指导和个别指导	1. 薄壁零件的装夹 2. 圆弧拐角处理 3. 棒料零件装夹 4. "岛屿结构"加工 5. 加农炮综合件加工程序及工艺安排 6. 零件尺寸精度的控制方法 7. 零件加工的质量分析方法及改进措施	1. 加农炮综合件制作图纸、工艺卡 2.《简明机械手册》（中文版第二版） 3. 数控铣床 4. 测量工具 5. 辅助工具	1. 加农炮综合件制作加工质量 2. 安全操作规范的养成 3. 工作页的完成情况	20课时	实训车间（活动二与活动三交替进行）
活动四：检验和质量分析	分析问题能力	1. 加工精度的检测 2. 小组讨论误差产生的原因并陈述 3. 评价表及工作页的填写	组织小组进行加农炮综合件制作零件误差产生原因的分析与陈述	1. 精度的检测方法 2. 零件误差产生原因 3. 填写检验、评价、分析表格	1. 误差分析报告 2. 精度检验报告 3. 评价表	1. 误差分析方法 2. 陈述的内容 3. 工作页的完成情况	2课时	一体化教室
活动五：工作总结与评价	1. 团队协作能力 2. 总结归纳能力 3. 口头表达能力 4. 汇报制作能力 5. 撰写报告能力	1. 小组或个人展示工作成果 2. 小组讨论总结 3. 工作页的填写	1. 组织学生进行展示活动和评价活动 2. 总结评价工作过程 3. 填写教学回顾，进行资料整理	1. 展示物的制作 2. 自评和老师点评 3. 撰写工作总结或者实习心得	根据各小组准备展示情况进行申报准备	1. 工作目标 2. 工作过程 3. 工作结果 4. 问题分析及改进措施	2课时	一体化教室

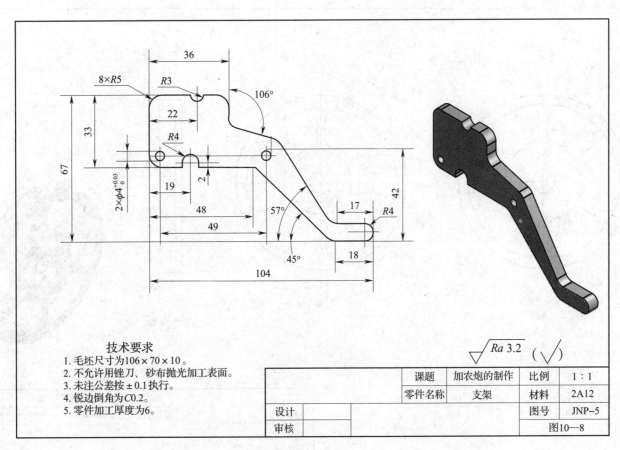

技术要求
1. 毛坯尺寸为106×70×10。
2. 不允许用锉刀、砂布抛光加工表面。
3. 未注公差按±0.1执行。
4. 锐边倒角为C0.2。
5. 零件加工厚度为6。

$\sqrt{Ra\ 3.2}$ $(\sqrt{})$

课题	加农炮的制作	比例	1:1
零件名称	支架	材料	2A12
设计			图号	JNP-5
审核			图10—8

图 10—8　加农炮的制作——支架

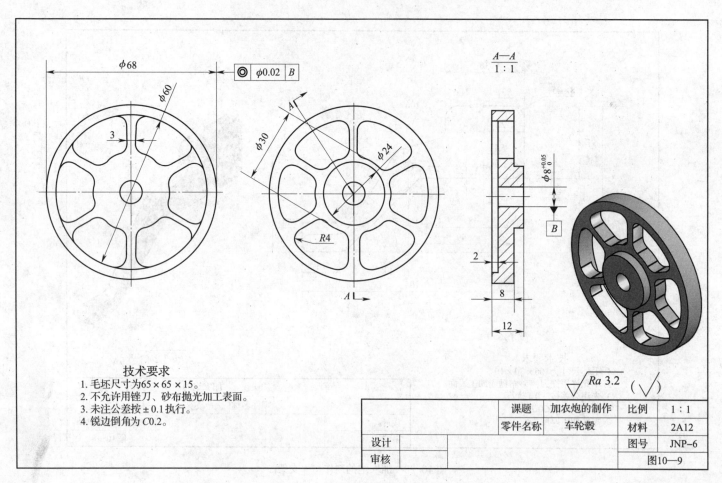

技术要求
1. 毛坯尺寸为65×65×15。
2. 不允许用锉刀、砂布抛光加工表面。
3. 未注公差按±0.1执行。
4. 锐边倒角为C0.2。

		课题	加农炮的制作	比例	1:1
		零件名称	车轮毂	材料	2A12
设计				图号	JNP-6
审核				图10-9	

图 10—9　加农炮的制作——车轮毂

4. 加农炮的装配教学活动

表 10—4   任务八   加农炮的装配教学活动策划表

教学活动	关键能力	学生学习活动	教师活动	学习内容	教学资源	考核评价点	学时	教学地点
活动一：工作任务及工艺分析	1. 资料查阅、阅读能力 2. 遵守纪律规范的意识 3. 沟通交流能力 4. 逻辑思维能力 5. 空间想象能力	1. 识读装配图 2. 明确装配工艺步骤和任务要求 3. 工作页的填写	1. 展示加农炮各个零件的实物 2. 组织学生分组 3. 讲解装配时注意事项 4. 引导学生完成工作页填写	1. 分析装配图 2. 明确装配图样上的技术要求 3. 学习机械装配的原则 4. 了解分组选配、误差补偿的原理 5. 学习单件配装的原理	1. 互联网 2. 装配图纸、实物和标准工艺卡 3. 《简明机械手册》（中文版第二版） 4. 国家制图标准 5. 《公差与配合手册》	1. 信息收集 2. 工作任务的理解程度 3. 图样的识读情况 4. 工作态度和纪律 5. 工作页的完成情况	2课时	一体化教室
活动二：技能学习与准备	1. 安全意识 2. 清洁整顿意识 3. 资料查阅能力 4. 观察和分析能力 5. 沟通交流能力 6. 团队协作能力 7. 制订计划能力 8. 身体协调能力 9. 统筹决策能力	1. 了解常用装配工具 2. 装配前零件的整理摆放 3. 工作页的填写	1. 制作本任务涉及内容的演示课件 2. 组织学生观看操作示范 3. 抽查指导学生，纠正共性错误 4. 汇总学生学习情况，帮助学生总结操作要领	1. 安全防护要求 2. 常用装配工具的使用方法 3. 零件的检测、标记	1. 装配图纸、加工工艺卡 2. 安全操作规程 3. 工具、量具、刀具 4. 辅助工具	1. 工作纪律与态度 2. 工作页的完成情况	1课时	一体化教室、实训车间（活动二与活动三交替进行）

续表

教学活动	关键能力	学生学习活动	教师活动	学习内容	教学资源	考核评价点	学时	教学地点
活动三：机械装配	1. 安全意识 2. 清洁整顿意识 3. 独立操作能力（技能） 4. 规范意识养成 5. 仔细、认真的工作素质 6. 遵守时间意识 7. 执行力 8. 处理现场问题能力	1. 从指定地点领取前述工序所加工的加农炮零件 2. 检测装配所需的零件精度是否合格并做相应的标记 3. 工作页的填写	1. 分发零件及相应工具、量具 2. 组织学生进行组装 3. 巡回指导和个别指导 4. 控制课程时间 5. 组织学生讨论学习和完成工作页	1. 零件的组装 2. 工具的正确使用 3. 零件的修配 4. 分组选配和误差补偿的运用 5. 装配后的调整	1. 全部图纸、加工工艺卡 2. 工具、量具、刀具清单 3. 安全操作规程 4. 清洁整顿及学习物品 5. 辅助工具	1. 安全文明生产 2. 装配精度检验 3. 外观等主观检验 4. 时间掌握及生产纪律表现 5. 工作页的完成情况	2课时	实训车间（活动二与活动三交替进行）
活动四：检验和质量分析	1. 分析问题能力 2. 客观评价能力 3. 解决问题能力	1. 几何精度的检测 2. 运动精度的检验 3. 外观等主观检验 4. 小组讨论组装后整体精度产生误差的原因并陈述，思考解决措施 5. 工作页的填写	1. 准备检测的工具、量具、表格 2. 组织小组进行误差产生原因的分析与陈述 3. 组织填写工作页	1. 几何精度的检测 2. 运动精度的检测 3. 外观的评判 4. 组装过程中出现的问题处理 5. 填写检验、评价、分析表格	1. 综合检验报表 2. 评价表 3. 误差分析及改进措施报表	1. 几何精度检验 2. 运动精度检验 3. 外观评判 4. 工作态度及客观性 5. 工作页的完成情况	1课时	检验室

续表

教学 活动	关键能力	学生学习活动	教师活动	学习内容	教学资源	考核评价点	学时	教学 地点
活动 五：工 作总结 与评价	1. 团队协作能力 2. 总结归纳能力 3. 口头表达能力 4. 汇报制作能力 5. 撰写报告能力 6. 客观评价能力	1. 小组展示工作成果 2. 小组互评 3. 小组讨论总结 4. 工作页的填写	1. 组织学生进行展示活动和评价活动 2. 总体评价工作过程 3. 填写教学回顾，进行资料整理	1. 展示物的制作 2. 自评和互评 3. 工作情况汇总 4. 撰写工作总结或者实习心得	根据各小组准备展示情况进行申报准备	1. 工作目标 2. 工作过程 3. 工作结果 4. 加工方法 5. 问题分析 6. 改进措施 7. 工作页的完成情况	2 课时	一体化 教室